# Taiwanese Street Snacks

# 古早味台式點心圖鑑

原型食材&糖製點心、麵粉類點心、涼水甜湯、冰品，
在地惜食智慧與手工氣味，
作夥呷點心！

莊雅閔 著
吳怡欣 插畫

## 目錄 Contents



## ★原型食材 & 糖製點心★

### 是主角也是配角的百變糖

## ★麵粉類點心★

### 美援開啟的餅食大門

## ★涼水甜湯★

### 止嘴乾擱顧胃的涼水甜湯

## ★冰品★

## 紅了半世紀的古早味冰品

# 作者序

在過往物資不豐裕的年代，台灣人總有「窮則變，變則通」的巧思創意，將食材變化出各種吃法，像是運用麵粉、原型食材（地瓜、芋頭、水果、豆類、洋菜）、種類豐富的糖品製作，或是化爲一年四季吃都美味的涼水甜湯和冰品等，即便外型沒有太多贅飾，但點心本身卻很有深度，並且深藏於我們的味蕾記憶之中。

隨著社會進步、原料取得變容易，以及移民文化、食用習慣改變的影響，使得台式點心的品項演變更多元活潑。像是糖製點心、麵粉類點心就數不清，不僅蘊含著職人師傅們的技藝和用心，更搖身一變成爲超人氣的常民點心，在比賽品評中屢屢得到肯定。早期人們還懂得善用食材本身的「自然甜」，做成有食療概念的甜品、甜湯，以及夏天人人愛的涼水飲料；還有歷經數十年不敗的各式冰品，至今仍深受不同年齡層喜愛，可見我們的點心文化是有溫度的飲食傳承，讓人吃在嘴裡、甜在心裡！

我個人認爲，「古早味」除了講求用料實在，質地和口感的呈現也是值得深究的學問，讓我想起一句經典廣告詞：「我金憨慢講話，但是我金實在。」反映了台灣「甜」的實在，也是製作者們極爲珍貴的心意，衷心希望透過這本書傳達給喜愛台式點心的你。

本書作者

**莊雅閔**

URBAN CONSTRUCTION TEAM
卡哩
卡哩
本店(區)大包裝餅乾
原產地(國)
台灣
小石頭麵包 $35元

ARMY
卍
番薯餅
香脆可口
天然食品
古成食品行
竹山名產
卍
番薯餅
番薯餅
番薯餅

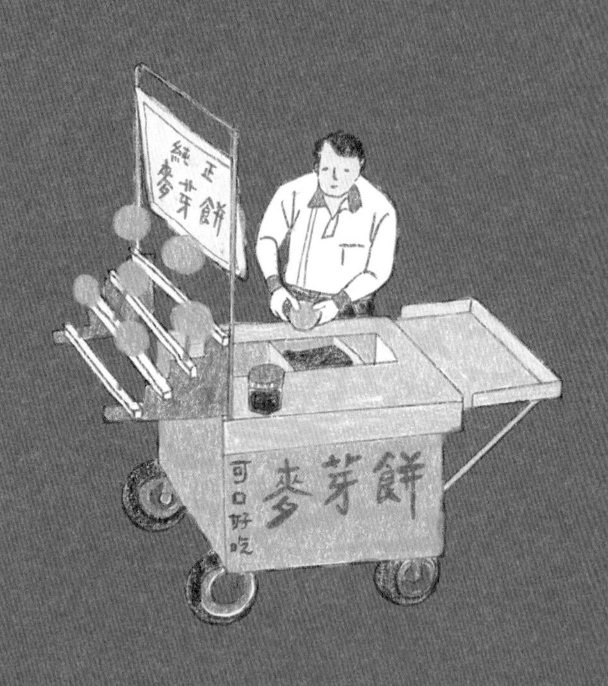

純正
麥芽餅
麥芽餅
可口好吃

原型食材&糖製點心

# 是主角也是配角的百變糖

現代人怕吃糖，但在早期生活環境裡，無論取得或食用都不像現今隨處可得。對於當時的人們來說，糖不僅是珍貴的調味品之一，歲時節慶、生命禮俗也都會用上，因此呈現出多變的使用方式。在台灣，糖品主要以甘蔗爲原料，重覆壓榨甘蔗取汁，以石灰法讓蔗汁中的雜質沉澱，將上層蔗汁煮沸後蒸發濃縮、抽去水分即成糖漿，做成不同糖品，如黑糖、紅糖、二砂糖、白糖、冰糖等，再依據特性用於不同料理、烘焙或加工用途上。

不同製程的糖品除了調味用、增加口感、當成黏著劑外，最常使用於醃漬，藉由滲透作用讓食材脫水，同時降低微生物繁殖的機會，達到保存食物的目的。一般來說，當砂糖濃度超過65%即可幫助食材防腐，最常見的糖漬食物就是果醬和蜜餞。此外，糖品也能提升食材風味，對於以前的人們來說，不只是爲了滿足吃甜的慾望而已，有的還有藥食同源的養生效果，高手在民間，總能巧妙的將「甜」轉換成一帖甜蜜的良藥。

● 最常見用糖保存食材的方式就是醃漬、糖煮等，如醃芒果、糖煮烏梨、蜜餞。

## 原型食材甜味迷人且更具層次

「甜」不僅是主角，也是很稱職的配角，還有一些甜味來源則是食材本身的「天然甜」，即使不加糖，也能讓吃的人感覺很滿足、很幸福。像是柿餅、桂圓乾這類食材本身就有甜味，經過熱風乾燥後，內部的果糖、葡萄糖因水分蒸發，甜度會濃縮增加，不僅提升了風味層次，同時也能解決鮮果不耐存放的問題，甚至轉化成另一種「甜」的表現，更耐人尋味。難怪許多料理人也喜好以這類原型食材入菜，不僅有利於烹調變化運用，加入菜餚或烘焙時，其甜潤感更帶來豐富滋味！

一芋多吃法

# 蜜芋頭

# 001

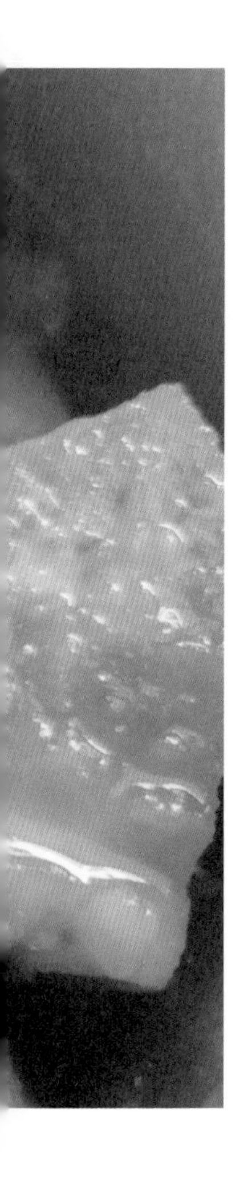

無論甜點、鹹點、小吃、大菜，芋頭出現在很多台灣料理中，堪稱最「跳 tone」的食材，也是很有歷史的在地食材，因爲原住民很早以前就把芋頭當作主食；後續在日治時期，才陸續引進東南亞的新品種。芋頭外表不起眼，內在卻藏著豐富口感與香氣，在採收季節時最怕下雨，一旦泡了水，芋頭的口感就會變硬，香氣還會變淡，也會變得久煮不爛。

常用於甜點的芋頭品種是「檳榔心芋」，因爲芋頭內的紫色維管束與纖維會產生細小紋路（不同品種的紋路不同），檳榔心芋的紋路近似檳榔種子剖面的紋路，故得此名。一般來說，芋頭的生長期需要八個月，但南部氣候濕熱，芋頭生長速度快，約六、七個月就會成熟，採收期大約在四月到七月之間。秋冬季節是大甲芋頭的天下，清明之後就由屏東高樹芋頭接力，因此台灣整年都有芋頭供應給消費者。

檳榔芋的紫色維管束與纖維紋路很像檳榔種子的剖面花紋。

## 如何挑選一顆好吃芋頭？

挑選芋頭，建議選擇表皮帶土、沒有完全乾裂的比較新鮮。芋頭外型爲紡錘形或橢圓形且中間部分飽滿，代表澱粉質累積較多；切開後若有粉末沾黏，表示芋頭澱粉量充足、口感鬆 Q。連接芋梗的芋頭上半部顏色是粉白帶有鮮紫或粉紫色，代表鬆軟好吃；若越靠近底部的顏色越暗沉，表示含水量高、口感硬脆。

挑芋頭得挑「輕的」。輕的芋頭代表質地鬆軟，如果太重，表示是「實心」，吃起來不鬆軟，而且很難煮，也就是俗稱「啞巴心」，就算煮很久，裡面還是硬的，但外面已經爛了。

● 閩南人習慣以豬油來煸香油蔥後，再與芋泥混合使用，如此更具鹹甜的層次感，也是最常見的熱芋泥做法。

芋頭經冷凍後，因為纖維組織被破壞而產生孔洞，如此蒸煮時，熱氣更容易進到內部，會更快熟爛且好吃，能大幅縮短蒸煮時間。但留意烹煮前「不要解凍」，以維持好口感。

## 烈嶼芋頭「唔免哺」的由來

烈嶼（小金門）也有產芋頭，當地土質是富含礦物質的黏土，因此芋頭口感很棒，不僅鬆綿而且有香氣，以入口即化聞名，所以有人說烈嶼芋頭「唔免哺（夠鬆、入口即化的意思）」。金門有句諺語：「芋要壓人，不給人壓。」意指食用芋頭的時間要在酒足飯飽後，若是空腹吃容易脹氣，這是來自長輩們的智慧，被代代子孫口耳相傳。此外，金門人每逢春節的祭祀活動時，都會準備芋頭料理，因為芋頭代表著「多子多孫」的寓意。

在台灣，芋頭的吃法鹹甜皆宜，小金門的民眾卻會拿芋頭與豬肉做搭配，有道小金門名菜「芋戀肉」，原稱「芋淋肉」，名字的由來和烹煮方法有關，在烈嶼芋頭上「淋」上軍用紅燒豬肉罐頭後拌炒，台語的「淋」為拌的意思，也因為其發音，有人戲稱「唬爛肉」。

## 製作好吃蜜芋頭的一點訣

如何做出好吃的冰糖芋頭？準備芋頭一顆（約六百五十克）、米酒一大匙、冰糖一百八十克。洗淨芋頭後削皮，切成塊狀（皮膚敏感者，記得戴手套）。放入電鍋內鍋，加水淹過芋頭，淋上米酒，外鍋倒一杯水，蒸至開關跳起，用筷子測試是否可輕鬆戳入的鬆軟程度，最後平均鋪上冰糖，外鍋再倒半杯水，待開關跳起即完成。個人建議，加點米酒增添甘醇風味，讓芋頭香氣更足，而冰糖可改用冬瓜糖磚，風味更佳。

## 芋泥控會愛的點心——炸芋頭餅

「炸芋頭餅」與白糖粿、蕃薯椪，常被組成「古早味炸物三兄弟」，無論是下午茶點心或宵夜場的鹹酥雞攤上，都有它的蹤影。其實做法不難，在家也可以做，只要將蒸好的芋頭攪打均勻，加上無鹽奶油、砂糖和牛奶，即成餡料，與帶有鹹味的餅乾組合成夾心餅，沾裹麵糊後下鍋油炸即完成。

● 現今賣「炸雙胞胎」或鹹酥雞的攤位上也有炸芋頭餅的身影。

Cooking at home

# 如果想在家做芋頭餅！

## Ingrdients

**食材**

芋頭 500 克
有鹽奶油 50 克
白砂糖 80 克
牛奶 80 毫升
鹹味餅乾（蘇打餅乾）20 片
炸油 適量

**【粉漿】**
冰開水 100 毫升
雞蛋 1 顆
中筋麵粉 55 克
沙拉油 30 毫升

## Methods

**做法**

1. 芋頭去皮切片，用電鍋蒸到軟爛。
2. 趁熱搗成泥，和無鹽奶油、白砂糖、牛奶攪拌均勻。
3. 將粉漿材料混合至無粉粒狀，備用。
4. 取一片鹹味餅乾，放上做法 2 的芋泥，夾上一片餅乾，然後均勻沾上做法 3 的粉漿。
5. 準備油鍋，以 160℃油炸至上色，若想要更酥脆的口感，重新提高油溫至 180℃左右，回炸 10 秒鐘即可。

樸實的和風點心

# 白頭翁

在台中以北地區有時能看到架著點心櫥窗的行動攤車，上頭掛有「那瑪卡西／ナマガシ（namagashi）」的招牌。櫥窗裡擺滿精緻造型的日式和菓子、花式造型的各式銅鑼燒、略帶透明感的羊羹，每一樣都讓人想買來吃吃看，其中「白頭翁」就是櫥窗裡常出現的點心角色。

「白頭翁」這項點心與日本文化有關，日本人把糕點稱爲「菓子」，是受到一千多年前由中國傳入的糕點影響。隨著歷史發展至明治維新時期，爲了與西方傳入的蛋糕「洋菓子」做區別，便冠上「和」字，從此出現「和菓子」一詞。「那瑪卡西／ナマガシ（namagashi）」意指含水量 30% 以上的生菓子，外型精緻，會拿來搭配抹茶，以往是日本天皇御用的點心。日治時期，由來台的日本師傅流傳至民間，在當時能吃到這樣的點心算是有財力的人家，象徵著某種社會地位。

● 白頭翁又稱紅豆吹雪、日式紅豆丸、吹雪丸。　　圖片提供：楊庭俊

在行動攤車的衆多點心款式中，「白頭翁」的造型最特殊，忽隱忽現的紅豆餡，上面蓋著看似饅頭皮的外表，其實是以蛋白加玉米粉混合而成。是不是覺得眼熟？沒錯！「白頭翁」是源自於日本的「吹雪饅頭」（いなかまんじゅう）也稱爲「田舍饅頭」，但兩者不同的是，吹雪饅頭是以麵粉製成的白皮包裹整個紅豆餡。淡淡的白色薄皮，像白雪覆蓋在屋頂上的景象，隱約可看見中間餡料，吃起來皮薄且有口感。吹雪饅頭的加熱方式可分爲「烤」和「蒸」，在部份溫泉區會以溫泉的蒸氣來蒸熟。相較之下，「白頭翁」的製作方式就比較簡單，彷彿義式馬卡龍質地般的蛋白霜，蒸製後帶有彈性，與細緻紅豆餡很配。

食譜

Cooking at home

# 如果想在家做白頭翁！

## Ingrdients

**食材**

蛋白 30 克
糖粉 30 克
玉米粉 45 克
泡打粉 1 克

**【內餡】**
市售紅豆餡 350 克

## Methods

**做法**

1. 蛋白打入攪拌盆，打至起泡。
2. 加入糖粉、泡打粉繼續打發。
3. 倒入玉米粉，拌勻成蛋白霜狀。
4. 將紅豆餡分割成 10 等份，備用。
5. 將做法 3 的蛋白霜塗在紅豆餡表面。
6. 放入蒸籠，以大火蒸 4 分鐘即可。

**Tip ★**

1. 怕蛋腥味的人，可以加 1 克白醋去除。
2. 入鍋蒸時，可以開點小縫，避免溫度太高而讓表皮龜裂；以及不可蒸太久，以防豆餡軟塌。

靠山吃山的智慧

# 龍眼乾

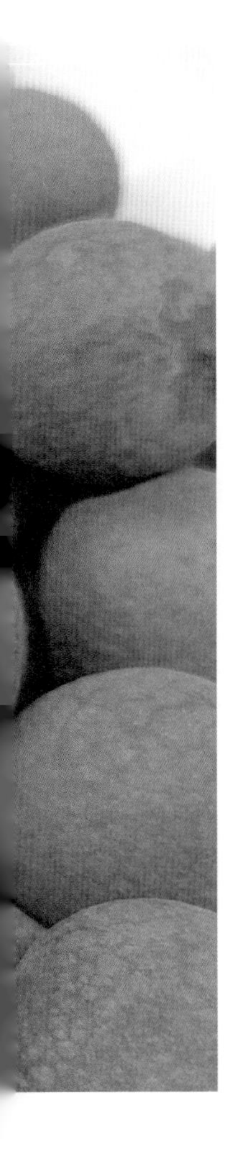

據《本草綱目》記載:「龍眼,龍目,象形也。」描述龍眼的白色果肉中隱約顯露黑色種子,就如同眼珠的樣子,在台灣又稱爲「桂圓」、「福員」、「福圓」,有不同的名字。

## 我們吃的龍眼,其實不是吃果實!?

龍眼屬於常綠喬木,我們都以爲平時吃的是果實,其實能食用的部位是龍眼的「假種皮」。除了把龍眼當成水果吃,從花朵到木材皆能使用喔,因此衍生出許多副產品。每年龍眼花開後,龍眼農疏花製成茶包、蜂農取蜜製作龍眼蜜,然後烘烤龍眼,就成了大家熟悉的龍眼乾。爲製作龍眼乾,農民會將樹幹矮化後修剪下來的枝條,拿來柴燒龍眼,是很有風味的薪材,桶仔雞或窯烤麵包都要靠它增添煙燻口感。粗壯的龍眼木材質地堅硬密實,不易腐爛蟲蛀,是上等的家具、砧板材料,同時也能製成木炭,算是「上得了廳堂、下得了廚房」的全方位代表!

## 讓人眼花撩亂的龍眼品種

龍眼在台灣有不同品種，而且夏秋兩季皆能品嚐到。七月先由早生種「五月龍眼」、「竹崎早生」開場，接著中熟種「粉殼」及「水貢」，然後是晚生種「番路晚生」、「十月龍眼」。這些品種外觀都很像，但風味和香氣可不同。一般市面上常態販售以「粉殼」爲主，特色是甜美、果皮帶點脆，消費者不會留意有那麼多可食用品種，連我在現場採訪農民時也看得兩眼昏花，眞的是要讓專業的來，才有辦法辨視。

● 紅寶石、紅殼、韌蒂、泰國、粉殼、玫瑰紅、玉荷包、菱角種、蜜香，光看外表除了認得出荔枝外，眞的會眼花。

新鮮龍眼水分多、甜分高，採收後在常溫下容易腐酸，立秋前後，農家便開始陸續採收，剪枝是入寮前的前置準備工作。

## 一年只使用六十天的「焙灶寮」

新鮮龍眼水分多、甜分高，採收後若放常溫容易腐酸，在先民巧思下，因此發展出「焙灶寮」的柴燒龍眼文化，在龍眼花開之際，大約立秋前後，家家戶戶便開始忙碌地焙龍眼。「焙灶寮」是指焙龍眼的場域，由於烘焙龍眼需要六天五夜，這期間要日夜守候柴火與翻焙，於是產生了人與龍眼共同生活的產業型態——焙灶寮。「焙」即烤乾之意，，而「灶」代表了焙龍眼的灶、人煮飯的灶，人們簡易搭個屋頂，睡在龍眼灶旁的木條上，就是簡易的房子——「寮」，既是工作場所也代表「第二個家」。晚上睡覺時，若不想被煙燻的人就躲遠一點，不介意煙的人就睡在窯旁，順便以煙驅離蚊蟲；爲祈求烘焙龍眼的過程平安，至今仍有少數人家保有較完整的「入窯」與「謝寮」儀式。

● 龍眼花開時，農人會利用竹竿將公花搖入細網，經日光萎凋後，悉心以文火翻炒，待完全乾燥才能久放，新鮮的和焙炒後的龍眼花風味還是有所差異。

## 東山壓箱飲料——龍眼花茶

當龍眼花開，約三至五天授粉完畢後，農民就會在樹下張網搖花，利用勾具將公花搖入細網，龍眼花茶的製作方式五花八門，有人直接用日曬法，或用冰糖炒，將充滿蜜的盛開龍眼花鎖在一顆顆透明的冰糖中。有人認爲清晨搖下樹的花最好，也有人堅持用傍晚自然掉落的花朶；有人習慣當天炒花，也有人覺得要在太陽下曬上幾天，再以龍眼柴薪煨火翻炒好幾回，如此才會好喝。但也有人相反，認爲先炒過後再曬上幾天才是王道，當然風味也因此各有巧妙。無論哪種，原則上就是要完全乾燥的狀態，才能久放。飲用時，只需要將茶包放入熱水中三分鐘，等茶湯變成金黃色，便可取出茶包並飲用，也可以將泡好的龍眼花茶放入冰箱冷藏冰鎮，再加入蜂蜜調製，是在地特有的壓箱飲料。

想得到外觀顏色均勻、口感香 Q 的龍眼乾成品，烘焙過程要留意溫控。傳統做法是，製作者必須連日在煙霧迷漫且高溫的灶旁工作，一個晚上要添四次柴火，早晚各做一次翻焙動作，持續六天，讓果粒中的水分降低至能儲存的程度，這也是機械乾燥機無法取代傳統土窯的原因。一般來說，三台斤龍眼鮮果經烘焙乾燥後，約可成爲一台斤帶殼龍眼乾，再經手工去殼去籽，才能成爲你我熟知的龍眼乾，非常費工。

● 龍眼採收烘焙流程從採收、入米（把生果鋪到焙灶台上）、落焙生火（傳統的龍眼土窯烘焙需用龍眼木當柴薪，才能產生獨特香氣）、清米（清除龍眼枝），最後是翻焙（確保每顆龍眼平均受熱），整個過程將近一週之久。

## 讓滋味更有層次的龍眼乾茶煮法

龍眼乾還能泡茶，不僅好喝，也可補氣補腦。要煮出好喝的龍眼乾茶有訣竅喔，大多數人只知道將龍眼肉放進鍋裡煮開，再加些糖，但這種煮法其實沒有層次感。有一次在產銷班伍班長的窯場裡用餐，發現湯裡竟然放了煙燻過的龍眼籽和殼，當下被衝入腦門的濃濃柴燻味著實嚇到。於是，往後煮龍眼乾茶時，我習慣將龍眼殼、籽先和水煮過，待香氣飄出後，才放龍眼乾下去（可與紅棗搭配），待果肉吸滿湯汁後膨脹起來，再用二砂調整甜度。這樣的手法，我也曾用來製成甜點，款待來台南進行美食交流的米其林一星 LOGY 餐廳主廚——田原諒悟（Tahara Ryogo）。

● 我以龍眼的一生所設計的甜點，結合了花、蜜、果的各種風味。

● 將龍眼乾、麻油、薑、花生組合在一起就是「龍眼乾炒花生」，比例隨意，可以當小菜或是點心。不僅是早年農業社會坐月子的食補料理，也是某些人心裡「家」的味道。

## 龍眼乾炒花生——阿嬤的溫補秘方

淡淡麻油香混著香Q龍眼肉，咀嚼時又有脆脆的花生口感，初嚐時覺得這美味太驚人，便好奇問起這道料理的由來。早年時代的人們生活困苦，婦女生產完坐月子時，無法以較好的藥膳來滋養身體，故將花生、龍眼混合麻油拌炒出這道食補料理。但中部以南地區對於這種吃法顯少聽聞。隨著月子餐的多樣化，「龍眼乾炒花生」已變成人人可食的秋冬滋補小零嘴了，聽老人家說，若是家中有小孩尿床，也會煸麻油龍眼乾給他們吃。

長輩做「龍眼乾炒花生」的傳統做法，在此分享給大家，不妨試做看看！準備龍眼乾兩百克、麻油兩大匙、老薑片六片、炸花生五十克，以麻油將薑片爆香，加入龍眼乾，稍微拌炒收乾，放入炸花生續拌一下，讓麻油香氣與花生香、果香完美融合即完成。

## 事事如意好吉祥

## 關於柿子的二三事

在台灣，每年九月到十一月是吃柿子最適合的時節！柿子除了具有食用價值外，本身也深具文化意涵，因其果實飽滿、色澤澄紅討喜，加上「柿」與「事」音同，代表「事事如意」。自古以來，即常被人們以實物或隱喻的方式當成吉祥象徵。

柿子雖好，但不能多吃，也不能空腹時吃，更忌與酸性食物同吃，因爲本身含有大量的鞣酸（單寧酸），經胃酸作用後，容易留在胃中凝結成塊，易造成不適。患有缺鐵性貧血和正在服用鐵劑的人也不能吃柿子，會妨礙鐵質吸收，也不要與蟹、魚、蝦一起吃。早期在農民曆背面的「食物相剋圖」都會標示螃蟹與柿子同食有「毒」，以食物相剋的「毒」來說，泛指任何身體不適的症狀，包含噁心、腹脹及頭暈等現象。如果從現代醫學角度來看，含高蛋白的蟹、魚、蝦在鞣酸的作用下，容易凝固成塊而導致消化不良。

● 柿子削皮的目的，是因爲未完全成熟的柿子皮比果肉有更多單寧酸，削皮後能除去澀感外，還可讓果肉快速且均勻地脫水。

## 同樣是柿子，不同品種口感有區別

若依果實在樹上成熟時能否自然脫去澀味來區分的話，可分成甜柿和澀柿。柿子的「澀味」是因爲含有「單寧」成分，屬於水果本身的保護機制，是爲了順利傳宗接代、不被動物吃掉。甜柿的常見品種有富有、花御所、次郎，這些不需要人工脫澀，在樹上熟了就能採收食用；而澀柿品種有牛心柿、筆柿、柿、四周柿，通常利用石灰水或酒精幫助脫澀，牛心柿、石柿脫澀後的口感是脆脆的，四周柿經過催熟脫澀後，則會變紅變軟，口感有Q度。

柿子還可加工成「柿餅」或「柿干／柿乾（柿霜柿餅」，將柿子果實脫澀、去皮後曬乾，便成柿餅，能直接當點心吃。柿干／柿乾表面有層白色粉末叫做「柿霜」，可別誤會是發霉喔！柿霜屬於葡萄糖晶體，是果實內部滲出的葡萄糖凝結於表皮，是珍貴的天然成分，據說能止咳潤肺。

柿干／柿乾比柿餅硬一些，水分只有 30% 左右，因爲表面有柿霜，可用來燉成滋補養生的柿餅雞湯；或搭配其他中藥煮湯，有利於緩解呼吸道不適的症狀。

市面上常見的柿餅主要由澀柿中的牛心柿、筆柿、石柿爲原料製作，從柿子變成柿餅的過程大約七至十天不等，需歷經風乾、日曬、捻壓整形等多個步驟，而且得反覆進行，並依當時的氣候、溫濕度做調整，使用四斤鮮果只能製成一斤柿乾。

**【柿餅製作流程】**選果清洗→去蒂削皮→上架→風乾→日曬→捻壓整形（以按壓方式的將柿子內部或深處地方的水分往外趕，以幫助快速脫水）→反覆風乾＋日曬＋按壓式按摩→殺菌→包裝→送入冷凍室（零下20℃開始變白，長出柿霜）。

富含膠質的點心

## 原料是從藻類而來

洋菜不是菜，其實是藻類，又稱「海中龍鬚菜」！但製造洋菜所用的「龍鬚菜」與我們日常食用的龍鬚菜不同，海裡的龍鬚菜與石花菜一樣同屬於紅藻，富含膠質；而蔬菜類的龍鬚菜則是佛手瓜的嫩莖。爲了有所區別，早期有些業者會將藻類的龍鬚菜稱作「巧味芽」，或是「海菜」。洋菜、石花菜、寒天都是從海藻萃取而來，只是種類不同，在台灣稱爲「洋菜」、「菜燕」，可以做成點心；日本人則稱「寒天」，依據提煉的藻類不同，膠體的口感也不一樣。

台灣的「洋菜」向來以石花菜爲主，包括大本、小本及鳳尾等爲主要原料，後來因爲產量逐漸減少，價格昂貴以及採集困難的緣故，都被海中龍鬚菜取代了。起初，以海岸邊的採集爲主，直至 1962 年，台灣首開全球池塘養殖龍鬚菜之

**005**

先例，1970年代時進入企業化規模。在台灣鮑（九孔）養殖業興盛時期，更成爲九孔的主要餵養飼料，還可供餐廳製作料理使用。

龍鬚菜最主要的用途爲洋菜（Agar）提煉的主要來源，雖然可以提煉洋菜的海藻種類不少，例如同爲紅藻類的麒麟菜（Gelidium）和紫菜（Prophyra）等，但產量和養殖的方便性皆不如龍鬚菜。1990年，因人工成本日益增高，採集龍鬚菜的人力短缺，還要考慮鹼處理後的排水問題，因此洋菜產業已逐漸被菲律賓、智利等國家取代。

## 日本人愛用的「寒天」

在江戶時期，有人把用不完的紅藻放在低溫寒冷的室外，竟發現會變成白色偏透明的凍乾狀態，故取名爲「寒天」。日本製作的「寒天」以紅藻、石花菜、龍鬚菜爲主原料，利用藻類的不同特性來調配比例，所以「寒天」在和菓子的使用上分得很細。一般來說，寒天的加工程序必須利用冷凍加上日曬進行脫水乾燥，但台灣氣候沒有日本那麼冷，故日治時期日本人移居帶來的羊羹、三色軟糖等製菓技術，都需要從日本進口原料，使得當時在台灣的學徒仍慣用較高價的日本寒天做點心。

平民版燕窩

以前的人吃不起燕窩，就以便宜的洋菜做成素食者也能吃的燕窩，故名「菜燕」。而一般台語常說的「菜燕」，其實是冬瓜洋菜凍，同時也是「洋菜」的俗稱。一爲甜品，二爲原料，難道不會搞混嗎？我想應該是洋菜的台語太繞舌，才會統稱洋菜做的「菜燕」來代替洋菜。如果去雜貨店說要買菜燕條，店家絕對不會拿洋菜凍給你喔。凍狀的「菜燕」在傳統市場就可以找到，多半會和粉粿、愛玉、杏仁凍等剉冰料一起出現，很少單獨販售。

菜燕形狀因地區而異，北部人會裝在鐵碗裡，呈現圓形，中南部人則切成三角形或菱形居多。和石花凍的口感完全不同，用洋菜條或洋菜粉做成的「菜燕」，口感偏硬脆。

菜燕的煮法很簡單，以 1：8 比例的洋菜粉和水一起煮，待洋菜粉融化後，加入與水等比例的冬瓜茶，攪拌後放涼再冰入冰箱，食用時冰冰涼涼，有人還會加入檸檬汁、糖水、冬瓜茶等做搭配。

● 和四果冰和傳統剉冰很搭的「菜燕角」。

## 菜燕的另種樣貌——菜燕角

除了切塊即食的菜燕，它還有一種五彩繽紛的樣貌很可愛，通常出現在刨冰店，就是看起來像軟糖一樣的「菜燕角」，一定要用台語發音！要不然沒人聽得懂它是什麼～菜燕角顏色看起來很夏天，外表沾著晶白的砂糖，以菜燕粉及砂糖為主原料，通常只會出現在四果冰和傳統剉冰老店的配料裡，有時想吃還不一定找的到喔！

別小看「菜燕」不起眼的外表，它曾經出國比賽過！日治時期，鹿港的餅店業者在日本人舉辦的全國飲食糧品大品評會中，以「石花糕」獲得一等賞金牌的殊榮。「石花糕」就是以石花菜提煉的洋菜，再做成「菜燕」，製作關鍵在於火候與比例的拿捏，呈透明果凍狀，清香撲鼻，難怪深得日本人喜愛。

酬神用祭品的「六色菜碗」有一項是「石糕」，也屬於「菜燕」，但爲了用來祭拜、好保存，所以加了很多糖，所以整體硬度比較高。石糕的模樣跟菜燕差不多，但外觀更有透明感，在清朝的祭典記錄上就有記載「石糕」，直到日治時期才傳入使用「菜燕」加入紅豆等食材做成羊羹點心的技術。

● 此圖右下角，就是菜碗裡的「石糕」，其模樣和菜燕很像，但硬度較高。

祭祀天公的酬神祭品

# 三色糖與糖蔫

三色糖是日治時期由日本傳來的高級糖果，在長輩們的印象裡，「三色糖」是富裕人家的象徵，也是許多人的兒時記憶。使用砂糖、麥芽飴、洋菜、香料爲原料的三色糖，早期可是完全以手工製造而成，將紅、白、綠三種煮好的糖趁熱組合，外層再以糯米紙包紮起來，我吃的時候總習慣把它們一一分開品嚐。隨著時代進步，進口糖果滿街都是，這種顏色和造型古樸的糖果現今僅剩少數幾家糖果廠有製作。

至今還能看得到這種古早味的三色糖，是來自於人們對天公虔誠的祭祀文化，因爲顏色喜氣，拿來當成酬神「菜碗」祭品中「六乾」的其中一道。所謂的「菜碗」是拜天公或三界公用的供品，主要是未煮過的素料，以小碗盛裝，故名「菜碗」，一般有十二道，依屬性分成乾、濕兩種。木耳、冬粉、香菇、金針、海帶等乾貨，稱爲「六濕」；而「六乾」則以早期取得不易或較珍貴

的糖果餅乾爲主，包括麻粩、米粩、龜仔餅、雞只餅、鳳片糕和三色糖（代表石糕），各地內容物大同小異。

## 祭祀用的甜蜜滋味——糖薦

糖薦亦稱「糖盞」，薦是指「進」或「進獻」之意，是以前台灣民間祭祀時常見的供品，但需提前向糕餅店或金紙店預訂。以往蜜餞是很珍貴的食品，祭祀神明時會特地擺上插滿蜜餞糖串的糖薦，代表對神明的虔敬。後來因爲三色糖的甜度高、耐久放，便用來取代傳統蜜餞，成爲祭祀用的糖果代表，現今糖薦裡的三色糖還可以客製化，改以棉花糖、麥芽餅或其他零食取代。

最早的糖薦是以蘿蔔當底座（喜慶用紅蘿蔔，喪事則爲白蘿蔔），上方插竹籤，再串上鳳片糕，以細竹篾編織圍繞四周。後來改以金紙當成底座，加上包裹紅紙的香腳竹條。直到現在，不再以手工編製糖薦，改以紅色塑膠網盒爲主，雖然在北港仍有祭祀用品店會用傳統手工糊紙製作，但已寥寥可數。

● 在台南，可以看到以紅色塑膠盒爲底座，放上三色糖串來取代蜜餞的「糖薦」。

一開始真有羊

# 羊羹

「羊羹」兩字的由來，要追溯於千年以前的日本鎌倉時代，在當時還眞的是指「羊肉的羹料理」！當湯底冷卻後，膠質會凝固成暗色塊狀，因此被命名爲「羊羹」。所以說，早期的羊羹裡面眞的有羊喔！後來因爲禪宗僧侶戒律忌葷，才利用洋菜、葛粉、紅豆、山藥等植物食材，製作出外型與羊肉相仿的「甜」羊羹。日治時期在台灣南部地區，陸續出現許多日本人經營的點心舖，店裡販售的和菓子裡就有日式羊羹這個品項。

一開始的羊羹，還沒有加入洋菜來強化凝固效果，那時是藉由黏性較強的片栗粉（馬鈴薯澱粉）來幫助凝固成形。將砂糖、紅豆泥等材料拌煮完成後，包入葉子或模具裡，透過熱水蒸的方式使其成型，是日本最傳統的羊羹做法，稱爲「蒸羊羹」。

## 從蒸羊羹變成煉羊羹

當石花菜製成的洋菜（寒天）傳入日本後，日本傳統羊羹的配方就改變了。寒天取代了片栗粉，藻膠的特性使羊羹凝固得更完整，稱爲「煉羊羹」。到了明治時代，砂糖價格便宜，一般人也能買到，羊羹更是一口氣推廣爲日本庶民甜點。和蒸羊羹最大的差別是，煉羊羹的砂糖比例很高，一塊羊羹中有 20% 以上都是糖分，但因爲沒加澱粉調製，口感比較紮實且細緻。日治時期，羊羹傳入台灣，也成爲我們熟悉的點心品項之一，不只在攤車賣，更以精緻的製作方式在高級店面販售。

傳承日本師傅手藝的台灣人後來以黑糖、蜂蜜或麥芽糖取代砂糖來變化口味。最知名的莫過於蘇澳的「鳳鳴羊羹」，以綿密的紅豆沙、麥芽糖融入石花菜熬煮，而好吃的關鍵則在於使用蘇澳獨特的冷泉水，讓羊羹成品有 Q 度、更彈牙，可惜已成絕響。

● 現在市面上看到的羊羹已不再侷限紅豆口味，還有梅子、咖啡、抹茶等，有的店家還會做裝飾。

高級的全糖甜點

# 糖塔

糖塔在民間爲吉祥的象徵，無論是拜天公、建醮慶典、幫長輩賀壽，或是民間嫁娶儀式都會用糖塔當嫁妝，以表甜蜜富貴，是早期社會用來展現誠意的祭品或賀禮。在「糖」還屬於奢侈品的年代，由糖漿冷卻製成的「糖塔」，可說是最好的、最高級的喔！

糖塔的做法將滾燙糖漿倒入木模中，其中煮糖是重要關鍵，要先將白糖熬煮到 130°C高溫，靠師傅熟稔的經驗，觀察色澤、氣泡等，才能熬製出濃稠度適中的糖漿，藉此讓糖香完全釋放出來。接著，快速將糖漿倒入以繩子捆緊的糖塔模中，搖動模具使糖漿均勻，待其冷卻凝固後脫模取出成品。作品是否完美或出現瑕疵，關鍵在於師傅細心操作的技巧和經驗，不是只把糖煮滾就可以喔～

糖塔的尺寸要合文公尺之吉數，而外觀的精緻程度取決於

「糖塔模」，刻紋越細緻，做出來的糖塔就越精美。如果製作糖塔當天的天氣過熱或空氣乾燥，都容易導致木頭變形、破裂，因此平時需讓模具隨時保持濕度，有的店家甚至會將糖塔模長年浸泡在冷水中，這些可都是老師傅們的珍藏寶貝和生財工具。

然而，現今僅在大型祭祀活動才會使用糖塔，目前坊間已少有師傅會製作。每當廟裡活動一結束，糖塔會被敲成塊狀，有的人會用糖塔來煮湯圓，再分給信眾一同享用，以祈求平安。至於小孩們總等不及帶回家，直接往嘴裡塞，一小塊就可以含在嘴裡好久好久，這時哪有什麼半糖減糖的健康疑慮，我愛全糖～

● 糖塔模都是木頭製，需好好保濕，以防變形、破裂。

圖片提供：簡珮如

● 合婚糖又稱「八卦糖」或「八角糖」，舊時嫁娶必備，是男方在迎娶前一天到女方家餽贈的喜糖，現已改用冰糖代替。

手工柴燒就是香

圖片提供：山豬愛呷

# 010

在明代的《天工開物》裡有記載，據說以古法製作的黑糖是榨取甘蔗汁後加入貝殼粉（氧化鈣），蔗汁經過沉澱、燉煮、冷卻的過程製成黑糖，時至今日，黑糖仍被現代人廣泛使用著。在台灣和日韓等國家，黑糖在飲食生活中仍常見，無論是炎炎夏日裡來一碗黑糖刨冰，或冬天時來一杯黑糖薑茶都很棒。由於黑糖精製程度較低，保留了較多礦物質及維生素，營養價值比精製糖高出不少，也是女性們生理期的「好朋友」。

## 淺談過往製糖史

台灣的氣候適合種植甘蔗，日治時期在嘉南平原一帶有大量的甘蔗田，並且在不同地區分別設立糖廠。一般來說，甘蔗在冬季時糖分最高，最適合採收，此時期也最適合製作黑糖。用來製糖的甘蔗以白甘蔗爲主，莖皮爲綠色，糖度較高，但不適合生食，因爲莖皮太硬；能直接拿來吃的是暗紅色的紅甘蔗，汁水多。

日治時代初期，全台灣的舊式糖廍共有一千一百多所，日本人積極經營糖業並建立制度，將本地的舊式糖廍進行改良，在1896至1907年之間，先後成立四大製糖株式會社。「糖廍」是製造及生產糖的場域，在當時是以麻竹與茅草搭建而成，一般蓋在農田附近，以利製糖。在還沒有機器的年代，早期的製糖方式是用孔明鼎熬煮好幾次，以取得粗糖，那個就是「柴燒手工黑糖」最初的原型。

## 古法黑糖與調和黑糖大不同

以古法製作黑糖的過程要花費很多人力和大量時間，產量相對來說比較少，因此後續才會開發出以白糖（蔗糖）和糖蜜爲原料，混合回溶再製成「調和黑糖」的製作方式。若依照包裝上的標示成分，就能分辨出是否爲調和黑糖，如果成分是「蔗糖（白糖）、二砂和糖蜜」，可以得知是糖蜜和砂糖再製而成者，就屬於「調和黑糖」。

| 分類 | 古法黑糖 | 調和黑糖 |
|---|---|---|
| 來源 | 新鮮白甘蔗汁 | 白糖或二砂 + 糖蜜 |
| 外觀 | 不規則狀 | 粉狀 |
| 顏色 | 顏色不一 | 依糖蜜比例，呈現咖啡紅或黑色 |

至今仍有少數店家是以人工熬煮黑糖，製糖師傅們通常得在高溫的環境下工作，以大鍋煉煮糖漿，煮糖期間得悉心顧著增添柴火，糖膏呈現濃稠狀，翻攪很費力，無法像工廠那樣大量快速生產。手工煮製黑糖通常分成六階段：

- **採收**：採收白甘蔗後洗淨並且削去外皮。
- **壓榨**：使用榨汁器榨出甘蔗汁。
- **過濾雜質**：榨好的甘蔗汁有大量雜質，必須先過濾，才能倒入大鍋煮。煮至沸滾後，撈除浮在表面的雜質泡沫。
- **煮糖**：持續熬煮五至六小時左右，水分蒸發後會增加濃度，進而變成糖膏。這個過程全靠師傅的經驗和耐心，得避免加熱太快而煮焦了。
- **攪拌冷卻**：將煮好的糖膏移到架子，使用鍋鏟不停攪拌，有點像是炒的動作，又稱「炒糖」，爲讓糖膏降溫。
- **成型**：等糖膏快凝固前，抓準時機倒入模具中，凝固後再切成糖塊。

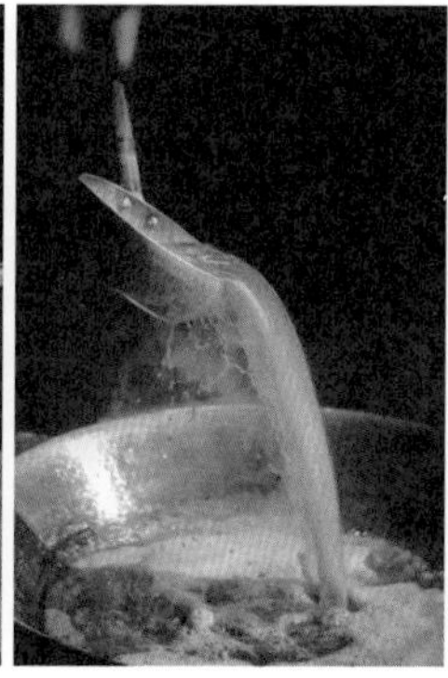

● 以人工製作傳統的柴燒黑糖工序多，而且每個步驟都要有人顧，慢慢加熱成「糖膏」，質地比糖漿更濃稠許多。（圖片提供：山豬愛呷）

全靠老師傅經驗

糖蔥

# 011

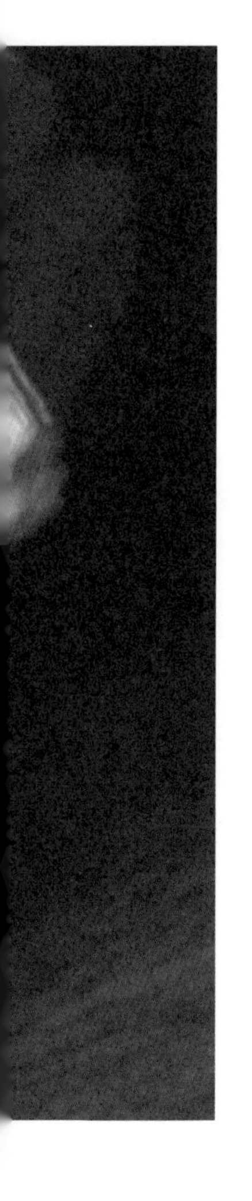

「糖蔥」源自於潮汕地區，是清朝時期就出現的甜食，後來傳入廣東、福建地區，隨著人們移居再流傳到香港及台灣。早期的糖蔥不是單獨一根根，而是類似排笛的外型，再用潤餅皮包成「糖蔥餅」來吃。

日治時期，當時政府規定人民要繳交白砂糖給製糖株式會社，不可自留，曾學過糖蔥製作的師傅靈機一動，傳授大家如何把有可塑性的糖漿做成長條狀掛在竿子上，再切成一段段當成蔥白，如此就能躲避警察盤查，留一點珍貴的糖給家人們吃。因此有句台灣俗諺說：「第一憨，種甘蔗互會社磅」，講的就是蔗農在那個年代工作的辛酸，糖蔥就在這個時代背景下誕生了。在早期的台灣，糖蔥是家庭經濟狀況優渥者才能吃到的點心，又稱「富貴糖」。

糖蔥的製作材料只有白糖、水、麥芽，先將白糖煮成糖水，再以慢火熬煮，過程中必須不斷地攪動，過程中加點麥芽糖能讓白糖更有延展性，直到水分蒸發變成糖漿。整個煮糖的

● 做糖蔥的師傅不僅有「鐵砂掌」，而且拉糖過程得憑全身施力和夥伴一起配合，才能把糖膏拉長，使其慢慢變成白色。

過程，「熬煮」是關鍵之所在，糖的糖性、糖度、溫度都會影響製作者的手感和成品口感。

## 需要鐵砂掌和好體力的煮糖拉糖技術

煮好的糖膏溫度高達 130℃以上，起鍋後倒進已抹油的鍋子裡，連鍋放進水裡轉圈隔水降溫。每轉一圈，邊緣逐漸冷卻成糖膏，此時徒手不停翻折，降溫至手可以拉糖的程度，但翻折後的糖塊仍有 70℃的餘溫，才能拉製糖蔥。對溫度的感受全仰賴雙手，這就是為什麼整個過程中不戴手套的原因，所以說，想學會拉糖蔥，要有「不怕燙」的膽識。

拉糖蔥的過程，有個重要工具是木棍，得靠它支撐糖塊，防止在反覆拉長的過程中全黏在一起了。這輔助拉糖蔥的木棍需保持濕潤，會長年泡著水才行。拉糖師傅俐落地將琥珀色糖膏圈在木棍上，利用身體律動與經驗，將糖反覆地拉長、收回，糖膏與空氣接觸後會變成延展性極高的白色長條狀，然後掛在竿子上，接著快速地剪成小段並包裝，以免做好的糖蔥受潮。

糖蔥除了直接吃之外，據說以前的有錢人家還會包進潤餅皮裡，加入香菜做成「糖蔥捲」。如果你有機會買到糖蔥，除了單吃品嚐，還可以放入熱咖啡、熱茶裡攪一攪，拿來代替砂糖使用喔。

口感蓬鬆酥脆

# 椪糖

# 012

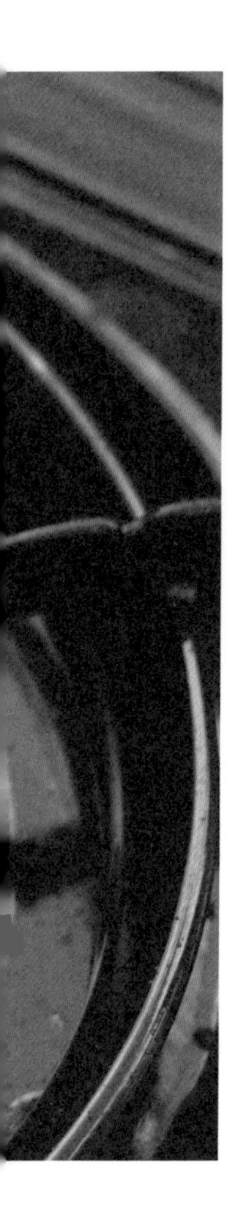

椪糖這項古早味零食，又名膨糖、泡糖、蜂窩糖，有著多孔洞的組織，吃起來輕盈蓬鬆且酥脆、有著焦糖味，現今僅在台南老街才看得到。在日本也有椪糖，日文是軽目焼（カルメ焼き，karumeyaki），源自於葡萄牙語的「Caramelo」，據說是十六、十七世紀左右透過傳教與貿易傳入日本，這款復古點心現今在祭典活動的小攤位上或仙台、會津地區的糖果店仍能看到。

## 看起來簡單卻不容易做成功

台式椪糖最早出現在清末的府城廟口，爲當時孩童們的點心之一，在物資缺乏的年代，是非常受歡迎的零嘴。如果你曾到過台南孔廟，應該會對於老街入口處的椪糖攤位印象深刻。椪糖的製作方式是在大湯勺內加糖和水，將其熬煮到130℃，出現牽絲狀態，抓準時機加入小蘇打（碳酸氫鈉）後迅速攪拌產生二氧化碳，使糖漿產生更多氣泡空隙而膨起，冷卻後的糖塊，則隨著湯杓形狀像一朵盛開的花。

如果成功膨起稱爲「椪糖」，失敗凹陷的就稱爲「雞屎膏」。

因爲韓國影集《魷魚遊戲》掀起追劇熱潮，也喚起許多韓國人的童年回憶。台韓兩地的椪糖製作方式大致相同，台式多以黑糖或紅糖來加熱，成品會膨脹成一大塊咖啡色糖餅，韓式傳統做法則會壓成扁平狀，再用喜歡的模具壓出圖案，吃之前以牙籤或餐具戳下形狀，增加食用樂趣。

## 運用糖漿在銅板上繪製圖樣

除了椪糖，和糖有關的傳統民俗技藝還有「畫糖」，曾廣泛流行於中國的重慶和四川，師傅以糖漿和工具畫出圖案形狀。但與椪糖材料不同，不需要使用小蘇打，僅使用白糖或麥芽糖等原料，燒製成 160℃的高溫糖漿，在抹上薄油的銅板上創作，一邊倒糖，一邊用工具塑形、修飾成好看的圖樣後鏟起，用長竹籤沾糖漿撐起糖片。

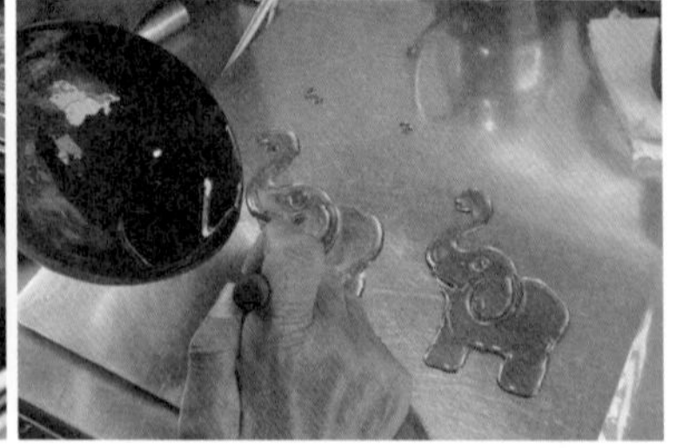

● 製作椪糖時，處處都是技巧和經驗，一個地方沒抓準，糖就膨不起來了喔。
● 畫糖師傅除了要拿捏煮糖溫度，還得有繪畫天份和想像力。

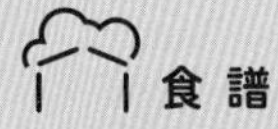


Cooking at home

# 如果想在家做椪糖！

## Ingrdients

**食材**

黑糖 適量
二砂糖 適量
小蘇打粉 少許
水 淹過糖面即可

## Methods

**做法**

1. 將黑糖和二砂糖以 1：2 的比例混合，倒入大湯勺中，約大湯勺一半的量。
2. 加水淹過糖面，加熱至糖漿變成濃稠狀，即可移出。
3. 用筷子沾小蘇打粉於湯匙中攪拌。
4. 當糖漿變成淡褐色，就會開始膨脹。
5. 待糖漿停止膨脹後，稍微加熱大湯勺底部，即可取出。

**Tip ★**

1. 水量的多寡不會影響椪糖是否能做成功，加水是爲了不讓糖在加熱過程容易焦掉。
2. 小蘇打粉只要微量即可，加太多就會出現鹼味喔。

# 麥芽糖

# 013

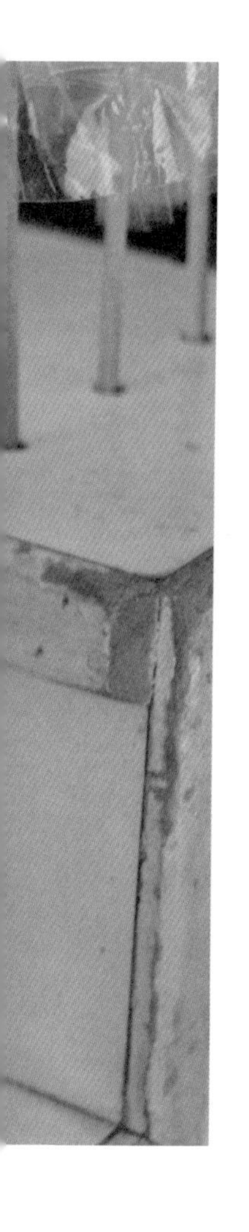

人們吃麥芽糖已有很長一段時間，據傳在中國的殷商時期就有，一開始被稱作「飴」。麥芽糖在台灣又被稱爲「麥芽膏」，不只是一種糖品，更蘊藏著食療概念，以古法製作的麥芽糖屬於天然發酵的糖。以前的人們有祭拜灶神的習俗，除了準備酒當成供品，也會奉上麥芽糖，用糖膏黏住灶神的嘴，讓祂老人家有口難言，就不會向玉皇大帝報告家裡的壞事。

## 麥芽糖和水飴大不同

麥芽糖裡眞的有「麥芽」的成分，主要由發芽的小麥加上糯米長時間熬煮和發酵製成，不僅可直接食用、泡水喝，還能入菜，又叫作「米飴」，顏色是漂亮的琥珀色、質地非常濃稠。市面上還能看到另一種「水飴」，外觀透明，是由樹薯澱粉或其他精製澱粉提煉而成，比較便宜且有一定的甜度，大多是商業用途，和麥芽糖是完全不同的糖品。在過往，純古法麥芽糖常拿來藥用，中醫認爲屬於溫和滋補的食品，能潤肺止咳、消痰、緩解氣喘不適，若適量攝取，可以健脾補虛、補充體力，但必須是以麥芽和糯米發酵製成的麥芽糖才有效喔！

## 古法製成的麥芽糖，從栽培麥芽就講究

古法製作而成的麥芽糖，得從栽培麥芽開始，將種子放在大約 20℃的室內，等到六、七天之後，麥芽才能使用。之後將麥芽放進機器絞過，另外將糯米蒸熟備用，接著將麥汁與熟糯米混合加熱，將殘渣過濾掉，只留下汁液，最後以慢火不斷翻攪熬煮，一鍋黑亮又帶有琥珀色澤的麥芽糖就大功告成了。只看文字敘述好像很簡單，但工序很繁瑣，這也難怪現今仍採古法製作麥芽糖的店家所剩無幾。

● 採古法製作的麥芽糖，是從種麥芽開始的，取麥汁和熟糯米一起煮。（圖片提供：翁裕美麥芽糖）

● （左圖）麥芽糖夾餅乾是以前的常見吃法。● （右圖）純正麥芽糖的顏色像琥珀般，會微微透光。

以前人們會利用麥芽糖製成梅子醋，或燉煮肉品時適量添加，也可以直接吃、沾花生粉或是夾餅乾，小孩們最愛把麥芽糖夾入餅乾，我則偏愛用筷子捲上好幾圈後，沾些梅子粉來吃，鹹甜之間帶有滑順Q軟的幸福感受。

● 僅用麥芽糖和花生粉製作的「麥芽酥」，美味流傳半世紀。

澎湖媽媽做月子的甜品

# 麥芽糖蛋

麻油、黑糖、薑、酒、麥芽糖等食材都是屬於溫熱性的，對於產後虛寒的女性大有裨益；故澎湖的婦女產後會吃麥芽糖蒸雞蛋，俗稱「壓腹」，以填補產下胎兒後的肚子。這道點心是和澎湖媽媽閒聊時學到的食譜，覺得非常實用，原來麥芽糖也可以這麼吃喔！顚覆了我對月子餐的想像，原本以爲月子餐都是燥熱的鹹食，沒想到靠兩樣食材就能完成。

甘甜溫熱的麥芽燉蛋不僅是澎湖媽媽們坐月子的聖品、小孩們愛的零嘴，也是許多澎湖人生病時會吃的點心，亦可當成下午茶和宵夜來享用！

# 014

## 甜甜吃、心情好的月子料理

在大碗裡打入幾顆雞蛋，放入麥芽糖，直接放入電鍋，外鍋倒一杯水蒸熟就可享用，有別於衆多產後補身的麻油料理，麥芽糖蛋多了點甜甜小確幸。在物資不豐富的年代，麥芽糖蛋不僅滋補了產婦身體，也讓辛苦的媽媽心情變好。不過有些產婦媽媽聽到「麥芽」就怕得要命，因爲據說吃了麥芽吃了會退奶！其實退奶用的麥芽，跟麥芽糖蛋使用的麥芽是不一樣的。麥芽糖蛋是用麥芽糖，而退奶茶飲則是使用「炒麥芽」。

澎湖媽媽分享以前產後女性吃的月子餐。

純正的麥芽糖，有潤肺止咳的功效，對氣虛咳嗽、胃寒腹痛等症狀都頗有效用，不只產婦可吃，也是人人適用的治咳秘方。

又稱天公豆

# 生仁糖

在台灣年節的年貨攤位或傳統糖果盒裡，常會見到裹著白色或桃紅色糖衣的零嘴，裡面包著花生，有些人一直以爲它是花生糖的一種，其實眞正的名字是「生仁糖」。生仁糖的台語叫「天公豆」，是農曆正月初九拜天公時必備的傳統祭品。在傳統觀念中，花生代表長壽，因此「生仁糖」隱含著祈求長命百歲的心願，有句台語說：「呷土豆（花生），呷到老老老」。不僅如此，因爲花生需要剝去外殼才能吃，還蘊含著「脫胎換骨」的意思；而「生仁」音似「生人」，因此又有多子多孫的寓意。小小的生仁糖居然有這麼多美好的意涵，在早期社會逢年過節、敬天祭祖都少不了它，既能討吉利又可以討好衆神祇。

## 製作不易、包裹細緻糖衣的生仁糖

看似亞洲版爆米花的「生仁糖」，從選擇花生、炒花生、

# 015

● 台灣傳統的糖果盒裡很常見到紅白生仁糖、寸棗、冬瓜糖。

熬製糖漿、翻炒花生裹上糖漿的各項工序，皆需仰賴師傅多年經驗，不僅製作不易，就連花生規格也有講究，選用的大小會影響到糖衣厚薄度。手工製作的生仁糖想做得酥脆好吃，有一些關鍵點需要留意，不然一不小心就會整鍋失敗。首先以麥芽糖和白砂糖熬成糖漿的過程中，需悉心注意火候與溫度控制，小心地以鍋鏟拌炒花生，外表的糖衣不能裹得太厚，還得均勻灑上白糖，才能做成一粒粒漂亮又酥脆爽口的生仁糖。

● 要讓糖漿一層層披覆花生，需要製作者極大的耐心和經驗判斷，生仁糖才會酥脆好吃。

又稱老鼠仔糖

# 新港飴

「飴」是指用米或麥製成的糖漿或軟糖點心，在日治時期曾以多種不同名稱出現，有北港飴、新港飴、新高飴、高砂飴等。以往零食還不普及的年代，新港飴可說是南部家庭都不陌生的糖果，每逢過年過節常能見到它的蹤影，那香濃、醇郁、軟而不黏的口感，伴著香脆的花生仁，沒有別的甜食可以取代它的獨特。

## 頭小尾尖的麥芽糖點心

嘉義縣新港鄉原名「麻園」，在日治時期稱爲「新巷」，光復後改稱新港，「新港飴」是到訪當地必買的拌手禮。其實，新港飴是意外衍生出來的「惜食」甜點！於 1891 年，一位在民雄賣花生糖與麥芽糖的小販——盧欺頭，因連日陰雨導致花生糖變軟，他捨不得丟棄軟掉的花生糖，於是靈機一動，

# 016

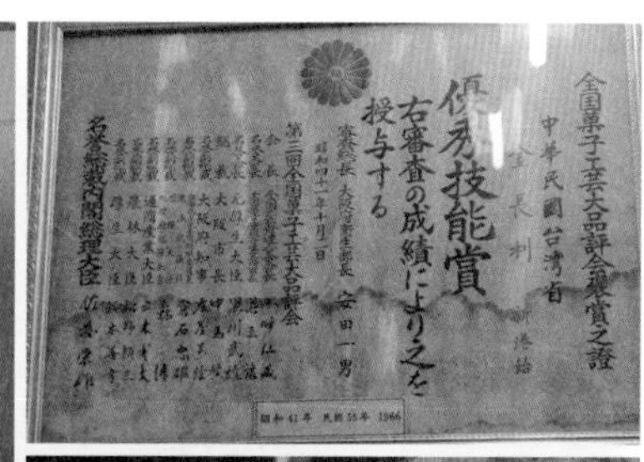

● 新港飴的出現雖然是個意外，但卻是日本天皇也愛的美味點心，在當時還得過優秀技能賞。

將已潮濕融化的花生糖放入剛煮好的麥芽糖內，冷卻後搓成頭小尾尖的小塊，形如小老鼠拖著尾巴的樣子，稱之為「老鼠仔糖」。因為名字特殊，同時有花生糖與麥芽糖的口感，香Q耐嚼，頗為受歡迎。後來因名字不雅，而易名為「雙仁潤」（花生剝開後藏有雙仁之意）。

有一回，新港媽祖廟奉天宮舉行大拜拜，盧欺頭挑了「雙仁潤」到新港做生意，之後遷居新港，他在媽祖廟東邊搭建木屋，創立了「金長利」的招牌，曾多次參加日本比賽還得獎。在當時的台灣，製造的菓子流行用「飴」來命名，後來上貢給日本天皇，得到天皇賜名「しんこうあめ」，也就是「新港飴」，代表來自新港的糖果。

各種吃法都迷人

# 花生糖

花生是台灣人很熟悉的國民食材之一，但其實它不是台灣原生的作物，據說起源地是中南美洲國家，在明朝末年被引進中國，那時的移民們再把花生帶到台灣栽種；但也有從中國東北帶入台灣的說法。在雲嘉南、台中、花蓮都有種植花生，目前的品種相當多，大約十幾種，每個品種的特色、用途、外型都不一樣，有的適合榨油，有的適合料理食用，或拿來做成甜食，像是花生糖。

每個店家有自己愛用的花生品種，因著顆粒和香氣不同，做出來的花生糖口感以及風味也不太一樣。在台灣，一般最常見的花生品種有台南選 9 號、台南 11 號、台南 14 號，還有很具特色的黑金剛花生，爲近十幾年培育的新品種，算是台灣特有種。

# 017

台南選 9 號屬於小粒品種，花生香氣比較足、顆粒飽滿，適合焙炒；台南 11 號爲大粒品種，外型佳，拿來做花生糖的賣相很不錯；台南 14 號則是大莢大粒的品種，形狀偏長橢圓形，比較常拿來鹽炒使用。至於黑金剛花生，其種皮蘊含花青素，故果實是紫黑色的，而且油脂含量比較少，拿來做花生糖或其他加工品的話，口感酥脆、滋味香甜。

## 想炒好花生糖，師傅得用眼睛仔細看

花生糖分成「去膜」或「不去膜」兩種，製作流程隨之不同。如果使用有膜的生花生仁，可加上麥芽糖、砂糖、水一起煮製，無論是水分或火候都要依師傅經驗掌握和調整。若是用去膜的花生，則需先炒熟，另外熬煮糖漿，讓兩者拌勻後整形、冷卻、分切、包裝。做法說起來簡單，但其實這兩種做法有各自的「眉角」，如果是用全手工製作的話，就更加不容易了。

● 不是所有花生都適合拿來做花生糖，11 號花生顆粒大，9 號花生顆粒小，但香氣足；而北港「新花生」則適合做料理。

比方麥芽糖和砂糖的比例會影響花生糖的甜度和口感，如果用了過多砂糖，糖漿會結晶反砂；反之，麥芽糖加得太多，糖漿可能不夠脆，需透過製作者取得最佳平衡點。此外，煮糖的溫度會改變糖漿的水分，如果水分太多，花生就黏不住，水分太少則黏牙。

在過去的農業社會裡，每到廟會或節慶時，野台戲旁總會聚集著賣蜜餞、零食、糖葫蘆的小販，花生糖也是零嘴之一，當時流行硬式酥脆的花生糖。後來因爲考量硬式酥脆的花生糖不利於老年人及孩童食用，以及坊間軟花生糖的麥芽糖過於黏牙，後續才衍生出各具地方特色的花生糖，如花生糖、貢糖、酥糖、花生酥、脆糖等。

## 它們也是花生糖：花生糖捲香菜、金門貢糖

一般的花生糖大多方方正正，口感硬脆，但有一種是經碾平機壓過的花生糖，軟甜不黏牙，吃的時候還要捲進整條帶梗的香菜才對味，咬起來不費力且不黏牙，有十足的花生

● 花生糖捲香菜軟甜不黏牙，先用碾平機壓花生糖好幾次，撒上厚厚花生粉，再捲進整條帶梗香菜，花生香超濃。

（左圖）花生和香菜是絕配，如果你是香菜控，一定會愛花生糖捲香菜。（中圖）澎湖才有的奶油花生酥，帶有奶香和層次感。（右圖）金門貢糖也是花生糖的一種，口感較綿密細緻。

香，身爲香菜控的我很著迷！花生糖捲香菜的搭配不只增添另一種清香，新鮮菜梗又多了脆脆口感。可惜的是，香菜會出水，最好當天吃完，不然花生糖會變濕軟，而影響口感。

澎湖的花生酥可以分成兩派：原味花生酥和奶油花生酥。外表看起來不太起眼的「奶油花生酥」是澎湖有名的拌手禮，和我們平常吃到有顆粒的花生糖不太一樣喔，是將花生整個烤熟磨碎再加上麥芽和糖製成的。一入口馬上感受到濃郁的花生香氣，帶有奶香和層次感，花生香濃郁，雖然只有一小塊，但讓人懷念，喜歡奶油混合花生香味的你，千萬不要錯過！

若想品嚐咬起來不黏牙的花生糖，不妨考慮「金門貢糖」。傳統做法是先熬煮麥芽糖和砂糖，放入去皮花生攪拌，然後手工「摃」捶而成，壓成片狀後撒上花生粉，塑形、分切成小塊，口感綿密細緻，但現今做法多以機器輔助了。

用主食要角做點心

# 蜜地瓜

# 018

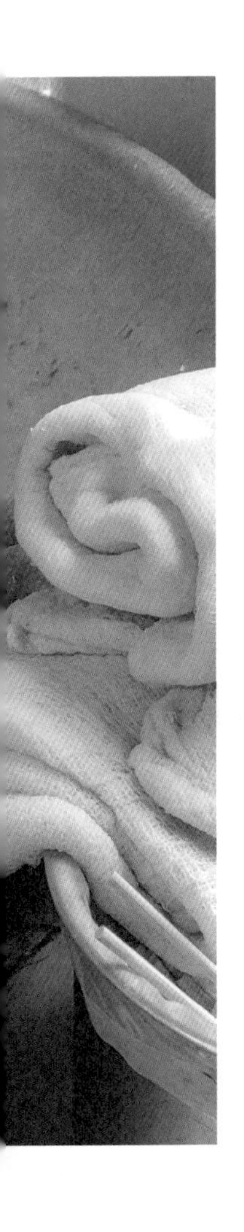

十七世紀的荷治時期，地瓜這項作物由福建傳入台灣，在物資缺乏的年代養活了許多人。地瓜品種改良後，產量大增，吃地瓜的方式開始千變萬化，在「澱粉類」那章，光是地瓜就寫了好幾篇，可見以前的婦女們眞是把地瓜用到極致，創意連連又能延長保存時間。除了地瓜製品，製作門檻比較沒那麼高的烤地瓜也是常民點心，以往在路邊小攤、發財車賣，現在連超商也有售，熱呼呼的烤地瓜捧在手裡像暖暖包且甜蜜蜜的，大人小孩都愛，是冬天的暖身點心。還有烤後冷凍吃的冰心地瓜、逛夜市隨手一包的地瓜球、八寶冰或甜湯裡的地瓜圓、裹上梅粉很涮嘴的甘梅薯條、切薄片油炸撒上糖粉的番薯片，甚至是糖煮地瓜做的甜點，如蜜地瓜、地瓜酥等，讓地瓜成爲低調又經典的台灣味。

蜜地瓜又稱「番薯糖」。早期大多在傳統市場或夜市販售，在過往年代還可以集資去柑仔店買，中獎就可以換一條到數條不等的番薯糖，成爲好吃又好玩的童年樂趣。

## 不同口感的蜜地瓜煮法

蜜地瓜一般分兩種，濕式蜜地瓜帶有糖漿，可直接吃；而乾式蜜地瓜食用方便，會以無糖汁的蜜餞型式個別包裝。最常見使用黃肉地瓜製作，坊間也有業者以紅肉或紫肉來混搭，通常用小型地瓜，若是體積較大，就要先切小塊，否則會因受熱不勻而無法煮透。做法是將地瓜與糖漿一起熬煮，有的人會添加適量麥芽糖，以增加光澤並降低甜度。由於煮製時間長短不同，形成不同口感，喜歡紮實 Q 彈者，可將生地瓜直接下鍋和糖漿一起煮，糖漿滾後放涼，然後再次煮滾，如同洗三溫暖般重覆兩三次後，地瓜口感就會越來越緊實。

煮蜜地瓜（番薯糖）時要有耐性，火不可大，也不可焦，偶爾要翻攪一下，別讓它黏鍋。通常會隨著餘熱，讓地瓜繼續浸泡在糖汁中慢慢冷卻，別小看「放著不動」的步驟，這可是讓

● （左圖）剛採下來的地瓜含水量多，表皮與地瓜肉連結緊密，需放個七至十天風乾，等待地瓜水分減少、甜度濃縮，這樣不僅烤出來更甜、還能烤出皮肉分離的口感。●（右圖）用地瓜做各種點心，可以整條吃，或挫成籤，蜜過之後拿來當成刨冰料。

● （左圖）許多人兒時回憶的番薯糖，還能玩抽獎。

● （右圖）將地瓜切片後油炸，就成了地瓜酥、地瓜片，也有商家會把它弄碎了再塑形成好入口的大小。

地瓜質地上由鬆軟轉Q的關鍵。蜜的時間越久，地瓜就越Q，味道也會更入味。

有別於番薯糖（蜜地瓜）是整塊浸在糖裡熬煮，另一道大眾熟知的點心——拔絲地瓜，做法就完全不同！一定要先將地瓜炸熟，再裹上熱糖漿，糖漿接觸到冷空氣會產生糖絲狀，故稱爲「拔絲」。裹糖漿後要立刻放到冰水冰鎮，所以不管是地瓜或是糖漿，都會變得比較脆硬。

## 小琉球的「番薯糖」是「地瓜酥」

離島小琉球也有「番薯糖」，但不是蜜地瓜了，而是大家熟知的「地瓜酥」，碎片狀且有口感。住在小琉球的長輩們種番薯維生，每迎年節或神明生日時，會將自己栽種的番薯做成「番薯糖」，拿來過年祭祖用，也是小琉球阿嬤廚房的傳統手製點心。

果肉肥厚綿密

過了中秋節，就是烏梨上市的季節，是常見於台灣低海拔地區的原生種梨子。生吃會有澀、酸味，味道不佳，一般需加工後才能食用，也有人用竹籤串成一串後沾上糖衣做成冰糖葫蘆。在產地常見的吃法是，煮熟後沾上糖粉，搭配厚實綿密的果肉，吃起來酸酸甜甜，別有一番滋味。

因爲農業技術的進步，後來流行的梨子品種大多是細嫩香甜的類型，烏梨已較少看到了。但至今仍被保留下來的原因是烏梨有協助梨花授粉的重要功能，梨農要生產多汁又多產的梨子，它是不可或缺的幕後功臣。如果遇到寒流或氣候不佳，水梨授粉狀況差，就不易結果。研究發現，以烏梨的花粉授粉，結果率不僅大幅提升，抗病能力也比較強。

# 019

鳥梨也會稱爲「仙楂」，在台灣是中藥「山楂」的別名，雖然只差一個字，但其實不一樣。新鮮鳥梨的外觀爲暗棕色，原生地在廣東地區，是早期由中國沿海的移民帶入台灣栽種的，鳥梨一般拿來加工用；而藥用的山楂外觀偏鮮紅，俗稱「山裡紅」，可以製成中藥使用。總而言之，中藥的「仙楂」是指山楂，而且幾乎從中國進口，購買時需留意辨認，小心別混淆了。

鳥梨經常以糖漬、熬煮等方式加工，做成蜜餞零嘴販售，爲增加鳥梨的甜味與保存期限。加工用的鳥梨果實成熟度不用太高就可採收，梨農也可以避免鳥梨掛在樹上太久，而被其他野生動物「光顧」。採收後有兩種處理方法：一種是煮熟去澀，市面上醃漬或糖葫蘆用的鳥梨（仙楂），都經過殺菁處理的；另一種處理方式是切片曬乾。

●（左圖）一般常以糖漬、熬煮等方式加工處理鳥梨，成品就不會那麼酸澀。

●（右圖）多數梨農會在果園裡零星種植鳥梨，或是嫁接時留下部分鳥梨枝條，使得梨園出現主流梨子與鳥梨同時掛在樹上的特殊景象。

小孩一定愛

# 糖葫蘆

糖葫蘆又稱「李仔膏」、「鳥梨仔糖」，是用竹籤把李子、鳥梨、小番茄、草莓等帶有酸度的水果串起來，然後放進用白砂糖和紅色食用色素熬煮的濃郁糖漿裡，均勻沾裹一層厚厚糖漿後取出，放置冷卻而成，在夜市是很吸引人的零嘴點心。

據說最早期的販售方式是小販四處走動，到廟會前或熱鬧的地方沿街叫賣，就像我們在古裝劇裡面看到的那樣，小販用稻草紮緊在竹棒上，上面插滿糖葫蘆。雖然古時是以「冰糖葫蘆」之名叫賣，但原料用的卻是普通的白糖。會稱爲冰糖葫蘆，主要是因爲上頭覆蓋著一層晶瑩剔透的糖殼，看起來非常像在水果表面結了一層冰的緣故。

關於糖葫蘆製作的典故與起源很多，有一說是在宋朝，南宋光宗皇帝爲了讓他的愛妃治病，向民間人士徵集解方，

有個江湖郎中提出用冰糖煮山裡紅，後來這個吃法就流傳開來，是現今糖葫蘆的雛型。

在冬天賣的糖葫蘆，最常見的就是使用酸酸甜甜的當季草莓，糖漿不用染色，整串紅咚咚的看起來就讓人口水直流。不知道有沒有人發現，「草莓糖葫蘆」的最後一顆不是草莓，而是番茄喔！這不是店家魚目混珠或偷料，是因爲草莓遇到高溫會變軟，爲了讓草莓糖葫蘆能美美的販售，底下一定要放小番茄當底支撐。

仔細想想，糖葫蘆其實是很不錯的點心，因爲材料都是新鮮水果，對於不喜歡吃水果的人來說，是不錯的飯後甜點，只是不要使用紅色食用色素製作糖衣的話，會更符合現代人的健康意識。

能做糖葫蘆的水果選擇非常多，只是簡單裹上麥芽糖，就有很誘人的好賣相，是在夜市邊走邊吃的好選項之一。

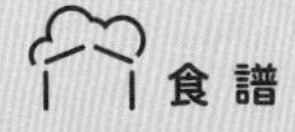


Cooking at home

# 如果想在家做糖葫蘆！

## Ingrdients

**食材**

小番茄、草莓、鳥梨均可
白砂糖 200 克
水 100 毫升

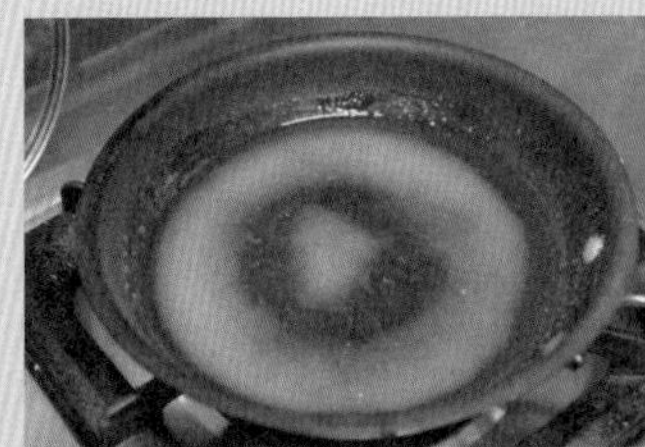

## Methods

**做法**

1. 將全部水果洗淨後擦乾，用竹籤串成一串串。
2. 將水和白砂糖倒入鍋中加熱，轉中小火，切記勿攪拌。
3. 當糖漿顏色轉黃時，可取一點糖漿，滴入冷水中，若糖液變硬就可以了。
4. 將水果串沾滿糖漿，放涼即可。

**Tip ★**

1. 煮糖漿的過程，請用搖晃鍋子的方式即可，不可隨意攪拌糖漿，以免讓糖再次結晶反砂而失敗。
2. 製作用的水果一定要擦乾水分，糖漿才裹得住。
3. 做好的糖葫蘆不能放進冰箱冷藏，以免表面受潮而變黏。

# 蜜餞

# 021

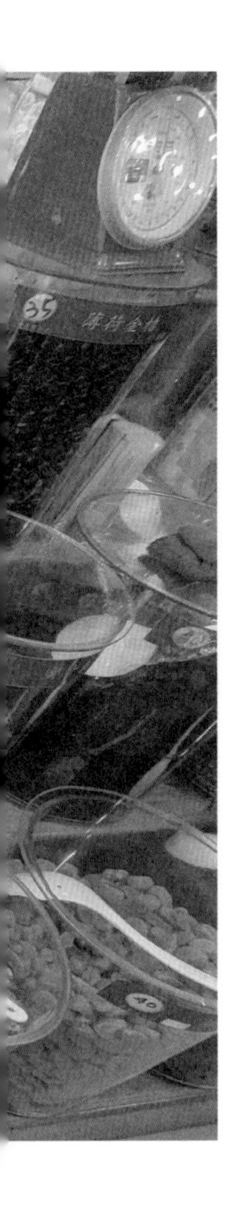

台灣蜜餞的製作方式源自福建、廣東，在福建俗稱「酸鹹甜」，廣東則稱爲「涼果」或「蘇味」。早期爲了解決鮮果產量過剩的問題，便以糖、鹽醃漬或曬乾等方法製成蜜餞，以延長保存時間。四、五十年前的台灣，在夏天最熱銷的冰品就是「四果冰」，一大碗清冰撒上四種蜜餞，如木瓜籤、菜燕角、楊桃乾、李仔鹹(仙李)，已經可以媲美現今的豪華水果冰了。

台灣主要的蜜餞產地位於彰化百果山、台南安平與宜蘭礁溪，雖然現在蜜餞產業已轉爲工廠生產，但從一些百年蜜餞老店的故事裡，仍能回顧昔日「鹹酸甜」的滋味。民國三十六年，來自福建的洪錫佛先生渡海來台，在彰化員林看到大量水果因爲來不及食用而腐壞，心中覺得可惜，於是把能製成蜜餞的水果用鹽醃，再送回福建做加工，爾後再送回台灣，據說那是最早出現的蜜餞。1982 年，光是員林就有超過百家的蜜餞工廠，在鼎盛時期甚至超過台南，成爲全台蜜餞的最大產地。台灣蜜餞

● 可以做成蜜餞的水果很多，但大部分的蜜餞不是以梅子就是李子爲原料，同時也反映在品名上。

●（上圖）紅芒果乾早期在雜貨店中是很搶手的零嘴，口感甜甜酸酸，吃完的嘴巴會呈現紅色，很像在吃檳榔，也稱爲「小朋友檳榔」。●（下圖）是芒果青，不只一種吃法，搭配的醬料可鹹可甜，以往在喜宴上也會看到情人果冰。

曾以高級禮品盒裝外銷全球，而彰化員林還被稱爲「蜜餞的故鄉」，洪錫佛則被稱爲「蜜餞之父」。

在台灣，能做成蜜餞的水果很多：鳳梨、木瓜、柚皮、楊桃、金桔、桃、枇杷、樣仔等。大部分的蜜餞不是梅子就是以李子爲原料，但也有例外的喔！如化核梅不是梅子，是李子！奶梅是李子！不是梅子！柑仔蜜做的李仔鹹叫「化應子」也是李子，不是梅子！繞來繞去，你是否也頭昏眼花了？製作方式大致相似，清洗水果淸後切塊，與白糖及麥芽糖一起煮煉而成，差異在於成品濕潤度。全台各地都有蜜餞行，大多以秤斤論兩的方式買賣，一個個玻璃桶內裝滿了封存的果味和鹹酸甜的氣息，實在讓人太有選擇障礙了啦，每一種都想嚐看看！我們台灣蜜餞的「甜」實力不容小覷，在日治時期曾有業者以醃漬水果和由蜜餞做成「李仔糕」，獲得全國名產贈答品展覽會一等賞金牌，可見日本朋友也愛這一味。

## 不只是零嘴，也是拜拜用供品

傳統拜拜敬神專用之四果茶，會使用「鹹酸甜」來搭配，以金桔餅、冬瓜條、木瓜籤、紅棗、番茄乾、鳳梨乾、李仔鹹、桂圓等，取其中四種或四種以上經熬煮作爲敬茶使用，現今有些製作傳統糕餅的商家，還會貼心地販售小份量的四果茶組合包，方便民眾購買使用。

●（左圖）柑仔店賣的古早味塩酸甜零嘴，最早的包裝裡面還附有一支小湯匙，主要是番薯糖混合糖、鹽和百草粉，都是蜜餞中常使用的調味料。●（右圖）祭拜天神一般以清茶代酒，也可用四果茶或桂圓茶取代，以表敬虔，並取其富貴圓滿、四季吉祥之寓意。

能補身的原型點心

# 金棗糕

金柑的果形似棗，台灣人大多俗稱為「金棗」，是唯一可以連著果皮一起吃下肚的柑橘類水果。全台 96% 的金棗都產自宜蘭，因此宜蘭被譽為「金棗的故鄉」，在常民生活中佔有一席之地，例如宜蘭在地特色小吃「棗餅」，就是以金棗糕、冬瓜糖及桔餅製成，更與鴨賞、膽肝列為宜蘭三寶之一。宜蘭的金棗水分比較足，皮也較薄，經過糖水或麥芽糖熬煮醃漬後，吃起來滋味酸甜，做成「金棗糕」會比較入味，口感也較好。

關於金棗蜜餞的由來，傳說源自清道光年間，一位名為朱材哲的通判來到宜蘭，看到當地遍布著金棗（金柑）無人食用，任由果實落地腐爛，他覺得可惜，因此教導當地居民將金棗（金柑）製成蜜餞的方法，從此流傳於民間。

## 金棗能做成糕、糖、乾等不同形式

金棗蜜餞主要以糖水醃漬，亦能鹽漬，做成不同口味的蜜餞，有鹹、甜、乾、濕之分，依果實大小分類，分別製成金棗糕、金棗糖、金棗乾，三者差別在於糖漬的濕潤度。做金棗糕用的果實最大，成品吃來較黏(「糕」即爲台語的濃稠之意)；金棗糖是在果實表面撒糖製成；而金棗乾有日曬與風乾的程序，又分成陳年金棗和甘草金棗，陳年金棗的色澤黝黑，可加入中藥熬煮醃漬，味道最濃郁，成本與價格也最高；甘草金棗顧名思義，是以甘草調味。除了製作蜜餞外，還可以熬製金棗膏或金棗茶飲用。

金棗蜜餞之所以酸味較低，秘訣在於加工過程中的「針刺」，在果實表面刺許多小洞，促進果肉裡的酸味散失，同時有利於糖水滲透、醃漬。由於色澤金黃、橙紅，十分喜氣，因此常被當成祭祀供品，所以在四果節（農曆初一、十五；一般商家則爲初二、十六）與農曆過年期間，有些人家會以「帶葉金棗」來祭祖拜神，祈求「拜金棗，年年好」，每當考季來臨時，也會拜金棗，象徵早早金榜題名之意。

金棗是宜蘭三寶之一，做成蜜餞有鹹、甜、乾、濕之分。陳年金棗顏色黝黑，可與中藥一同熬煮醃漬。

南部人最熟悉

# 薑汁番茄 番茄蜜餞

《台灣府志》中曾提及:「甘仔蜜,形如柿,細如糖,初生青,熟紅,味濃,肉多細子,亦不堪充果品,可或糖煮成茶品。」甘仔蜜是番茄的台語,從描述可以發現,當時番茄還沒有「資格」被當作水果食用。

十七世紀,荷蘭人從印尼將「黑柿番茄」引進台灣,可說是台灣最早的番茄品種,它有一股特殊的「臭菁味」,所以又稱「臭柿仔」、「一點紅」。日治時期,日本人引進了種植番茄的技術,1960 至 1970 年,日本品牌可果美((カゴメ) 在台南善化設立番茄加工廠。當時曾與農民大量契作黑柿仔,再銷回日本做加工。特別的是,那時的番茄像西瓜一樣種在地上,不像現在用直立式種植。

# 023

●（左圖）夾入化應子蜜餞的小番茄，酸甜又帶點鹹。●（右圖）薑汁番茄是酸、甘、香、甜、辣的五味調和。

## 南部人心目中的復古味——薑汁番茄

紅中帶綠的番茄切塊，蘸裹上用醬油膏、老薑泥、甘草糖調製成的濃稠醬汁，是南部特有的水果切盤，有些店家也會將醬油稀釋煮沸勾芡後，再與薑泥、糖粉、甘草粉調配，各家調製的蘸醬看似雷同，但鹹甜之間還是有些許差異。別小看這一小碗蘸醬，它不僅藏著台灣的歷史，也藏著漢醫寒熱調和的智慧，酸、甘、香、甜、辣的五味調和，讓看似妖魔鬼怪的組合變成了美味天使，前提是一定要與時令的黑柿番茄搭配才對味！

## 水果界的檳榔——番茄蜜餞

在早期，民間有種常見吃法是「番茄蜜餞」，在小番茄上畫一刀後夾入俗稱「化應子」的蜜餞，酸甜鹹鹹的口感，大人小孩都愛，有水果界的「檳榔」之稱。但是，並非所有種類的蜜餞包進去都有相同滋味喔，剖半夾入鹹酸甜、李仔鹹的水果檳榔，包你一吃就停不下來。

芝麻
麵茶
杏仁茶
太白粉
麵茶

# 麵粉類點心

# 美援開啟的餅食大門

台灣早期的麵粉多來自外地，由於麵粉的成本昂貴，因此相較於親民的米食糕粿，麵粉製品主要是富貴人家才有機會享用，以及品茗、請客應酬，或節慶、祭祀之用。直至多數人的生活漸趨穩定，才陸續出現糕餅店，但因爲原料有限，餅的種類與口味較爲單純，大多是因應早年商旅需長途跋涉，以麵粉加糖製作而成的乾糧爲主。比如以番薯入餡的番薯餅、內餡僅鋪一層薄糖所做成的香餅，還有可說是最初餅食雛形的麥芽餅。麵粉製品不僅反映出社會階級，而且物以稀爲貴，因此比起米製的糕、粿，更顯得精緻且多樣化。

● 從百年糕餅老店的歷史演進能推測出來，由麵粉製成的「餅」早於二戰前就出現在台灣。原料取得容易後，隨著人們食用習慣的改變，麵粉製的品項逐漸變得更多元。

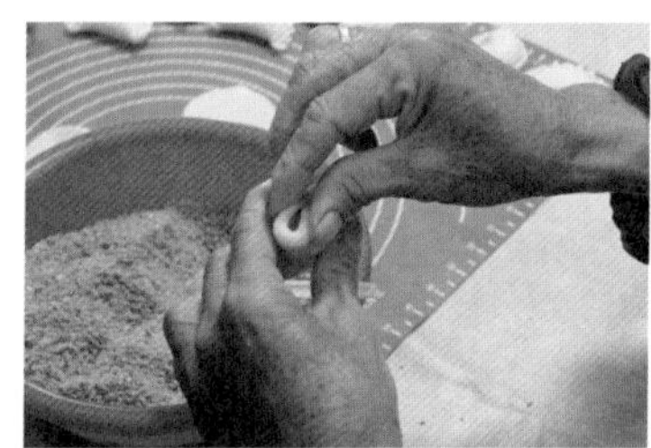

日治時期的五十年間是台灣糕餅發展最迅速的時期，其間麵粉工廠紛紛開設，製餅的原料取得方便許多，同時日人也將自己家鄉的飲食習慣帶入了台灣。加上日本師傅們來台開店、教授學徒，才有和菓子、黑糖糕、羊羹的出現。當時的糕餅業者為迎合日本人口味，相繼開發出各式糕點。即使當時麵粉取得容易，但因本地磨出的麵粉摻雜著若干番薯粉而使得品質不佳，影響成品的色澤、味道，所以真正需用麵粉的店家還是比較喜歡使用進口麵粉。

1950 年美援時期，台灣大量進口美國小麥，麵粉工廠原本只有少數幾家，後來大幅增加，進口小麥也適時紓解了糕餅製作原料短缺的問題。當時政府順勢推出「以麵代米」政策，衝擊台灣人以米食為主的飲食習慣，但也帶動西點麵包業的發展，不少師傅前往烘焙班學習製作西點，糕餅的製作技術更產生極大的變革。

## 炒出來的古早味

# 麵茶

麵茶不是茶！？香氣四溢的麵茶在60年代的台灣相當風行，不僅可作爲豐盛的早點、解飢的正餐或點心，甚至還能當成嬰兒副食品。麵茶原是中國北方的小吃，隨著國民政府遷台而成爲眷村常見的食物。二戰後的美援時期大量進口麵粉與小麥，深怕美軍配給的麵粉受潮長蟲，人們就把麵粉拿來炒，「炒麵茶」成爲最好的防蟲保存方式。對許多中老年人來說，麵茶是小時候必備的食物和童年回憶。

## 麵茶的行家吃法

在衆多流動小吃攤中，每個攤子都有它特製的響器，像是豆花攤會使用手搖鈴，而麵茶攤則是靠著燒熱水的汽笛聲。因爲沖泡麵茶的水一定要夠熱，香氣才能完全釋放出來，所以小販會用一種有汽笛的水壺，等水開了，尖銳的汽笛聲就會「嗶嗶嗶」作響。汽笛聲伴隨著濃郁的麵茶香，穿梭於大街小巷，讓人忍不住想喝上一碗，尤其在寒冷的冬天享用熱騰騰的麵茶，身子馬上暖和起來。聽說喝麵茶也要講究

● 在我小時候的記憶中，麵茶是用泡的，後來才知道北部有流動麵茶車和加泡餅的習慣。以前的人習慣吃比較稠一點，現代人則喜歡稀狀，可依據個人喜好調整水和粉的比例。

吃法，吃的時候不用筷、勺等食具，而是一手端碗，沿著碗邊轉圈喝完爲止才算是行家喔。隨著時代不同，現在的麵茶演變出許多創意吃法，甚至連手搖飲都以麵茶爲主題，做成台味復古風的新潮飲品，但也有懷念古早味的族群仍喜愛傳統吃法。

麵茶是用油炒製而成，故也叫「油茶」，其製作方式有葷、素兩種，前者用豬油，後者則用芝麻油。製作麵茶不僅會加

● 在氣候炎熱的夏天，麵茶也被許多剉冰店家用來當成佐料，撒在剉冰上或做成「麵茶冰沙」，別有一番風味！甚至不用碗吃，也能做成手搖飲，用不同的形式享受麵粉香氣。

圖片提供：陳富育

● 六、七年級的童年吃法：麵茶粉＋吸管！麵茶不只是中老年人的幼時回憶，柑仔店裡也買得到！小小一包的黃色包裝、帶點透明感，把細細短短的吸管插進袋中，直接吸麵粉吃，一個不小心還會嗆到呢！

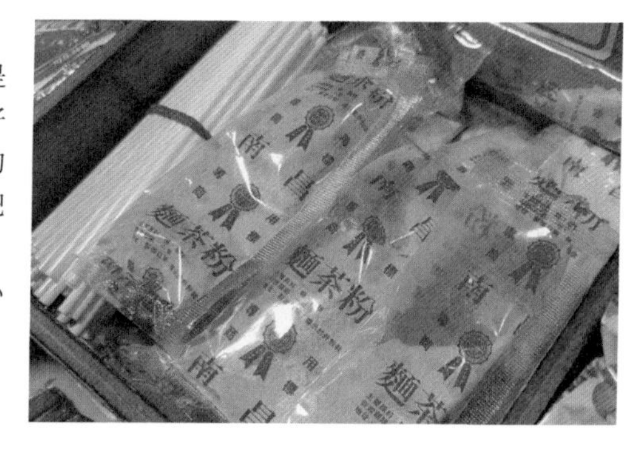


糖產生甜味，也會用芝麻、紅蔥頭、花生或杏仁等來提香，藉此增加飽足感。雖然材料簡單，但要做出好吃的麵茶不容易，麵茶的香味是靠翻炒與香氣堆疊出來的，以文火不斷持鏟翻炒，當麵粉由偏白皙轉爲褐黃，並且散發麵粉香氣才算成功。多量製作時，甚至得炒兩三個小時以上，十足考驗耐心與體力。由於手工炒麵茶相當累人，現在店家大多改採機器炒麵茶，但手工製的麵茶味道較香、口感更 Q、以熱水沖泡之後的膨鬆度更佳，兩者口感差距甚大。

太白粉
杏仁茶
麵茶
芝麻
麵茶

Cooking at home

# 如果想在家做麵茶！

## Ingrdients

**食材**

麵粉 600 克
紅蔥頭 50 克
白芝麻 100 克
豬油 2 大匙
二砂糖 100 克

## Methods

**做法**

1. 乾鍋將白芝麻炒香後取出、磨碎，洗淨紅蔥頭並擦乾，切成細末，備用。
2. 在鍋中放入豬油，加入紅蔥頭末，用小火炒至金黃後盛起。
3. 麵粉過篩，倒入鍋中，以小火慢炒至變色。
4. 倒入做法 2 炒好的紅蔥頭末、做法 1 的白芝麻，以微火繼續炒到顏色變深。
5. 倒入二砂糖後快速拌勻，即可關火。
6. 待涼後，用寬口大玻璃瓶盛裝，放在乾燥處或冰箱中。
7. 吃法是取適量麵茶粉置入碗裡，沖入極滾燙的熱水，拌到喜歡的濃稠度即可。

**Tip ★**

1. 傳統麵茶是用麵粉、豬油、油蔥和糖拌炒而成，但現代人注重養生和熱量攝取，亦可改用芝麻油或植物油替代。
2. 切記沖泡的熱水一定要夠熱，麵粉才能迅速糊化。

經典的婚聘贈餅

# 傳統大餅

# 025

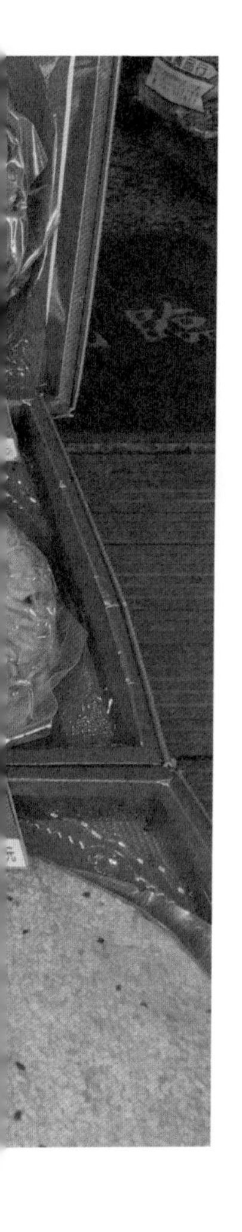

說起傳統大餅，大家一定會聯想到喜餅，畢竟在物資不豐富的年代，只有特殊喜節、節慶才能品嚐到，亦稱爲「漢餅」。上百年來，傳統大餅因歷史背景、移民文化以及糕餅技術的改良，逐漸顯現不同風貌。雖然因西式喜餅崛起而逐漸被取代，但在老一輩的觀念裡，大餅仍是必備的傳統禮俗，致贈喜餅是婚俗中的重要程序，一來是告知親友喜事的好消息；二來代表對婚禮的重視程度。這個「贈送」的習俗從何而來？這得從周瑜的「賠了夫人又折兵」故事說起。

三國時期，周瑜獻計給孫權，假意要將孫權的親妹妹嫁給劉備。一來想藉此把劉備當作俘虜，二來就能把妄想已久的荊州搶到手。聰明的孔明早已看穿其陰謀，爲讓孫權不得反悔劉備迎娶他妹妹的婚事，遂命人分送東吳軍民印有龍鳳圖案的喜餅，並傳唱著歌謠：「劉備東吳來成親，龍鳳喜餅是媒燈」，又叫人放起風箏，風箏上掛著大大的布條，寫著「孫劉兩姓合婚」，藉此逼著孫權假戲眞做，不得反悔，這就是「周郎妙計安天下，賠了夫人又折兵！」的典故由來。沒想到孔明當時的謀略，竟流傳成爲婚聘贈餅的習俗，孔明莫名成了喜餅的發明者，造福了廣大的糕餅業，後來世人爲了感謝他，就將孔明的誕辰——農曆七月二十三日訂爲糕餅節，並供奉他爲糕餅的祖師爺。

依製作方式的不同，傳統大餅的外皮大致上可分爲清仔皮（和生皮）、油酥皮（油皮）、糕漿皮（酥皮）三種。雖然都以麵粉當原料，但因爲加入的糖品、油脂比例、做法不同，口感和製作應用的品項也不一樣。

| 種類 | 製作方式 | 口感 | 應用 |
| --- | --- | --- | --- |
| 清仔皮（和生皮） | 以麵粉、糖漿、油脂和成麵糰，再包入餡，壓模成型 | 外皮厚實、口感濃郁 | 喜餅、廣式月餅 |
| 油酥皮（油皮） | 水油麵皮包入油酥，經反覆壓片、摺疊，製成酥皮再包餡 | 分爲大包酥和小包酥，外皮有層次感，入口酥鬆 | 綠豆椪、蛋黃酥、太陽餅、奶油酥餅、肚臍餅 |
| 糕漿皮（酥皮） | 類似西式餅乾做法，將糖和油打發後，加入蛋液、麵粉，揉成團，或直接包餡整型 | 分爲漿皮型與糕皮型，會因油、糖比例和油的種類，產生軟硬不同的口感，油脂高的酥鬆，糖分高的則脆 | 鳳梨酥、口酥、台式月餅、桃酥 |

## 早期喜餅的各種樣態和演變

早期喜餅多爲圓形，種類款式分爲「大餅」、「對餅」以及「盒仔餅」。「大餅」又稱「日頭餅」，是論斤稱重販售，以前的人們認爲「餅大」才有面子，一般大衆熟知的漢餅就屬這種。坊間口味以鳳梨、鴛鴦、棗泥核桃、香菇滷肉、滷肉豆沙、冬瓜肉餅、腰果伍仁、芝麻蛋黃等內餡最常見，口味十分多樣化。而「對餅」就是以兩個大餅爲一組的禮盒，喻有「永結同心」、祝福成雙成對之意，早期送餅最流行這種形式。有甜有鹹（有葷有素）的口味則有豐盛圓滿之意，一般會選兩種不同口味拼成對餅，但後來不少新人選擇大餅加上西式喜餅的組合。以往傳統的訂婚喜餅常見的配對口味是鳳梨餡的「鳳餅」和冬瓜肉餡的「龍餅」，配在一起就是龍鳳，加上鳳梨的台語發音是「旺來」，表示祝福子孫旺旺來。

● 經高溫烘烤後，餅易膨脹而變形，所以餅模的刻紋通常做比較深，如此烘烤後圖案就不會模糊不明顯。

「盒仔餅」又稱「合婚餅」，由六個長方形漢餅組成一盒，每塊餅六兩重，可混搭口味，俗稱「六彩囍餅」，長方形糕餅是受到日本人的影響，於日治時期後出現。

一般來說，傳統大餅都以一斤來計算，也就是十六兩、六百克，也有店家做稍小一點的十二兩。大餅外觀最常見的是「囍」字，有些加上花邊，早期還有龍鳳圖紋加上花邊。若是花形的喜餅模，代表「花開富貴」；而圓形則有「團圓」之意，現今則創意開發出更多形狀供新人們選擇。

## 喜餅、竹塹餅、鳳梨餅比一比

以豬肉、冬瓜糖爲內餡的肉餅在全台灣各地皆有，其中以新竹「竹塹餅」最爲知名。竹塹餅的內餡使用紅蔥頭、豬肉、冬瓜糖等食材，撒上芝麻，烘烤後餅皮表面凹凸不平，這外觀是它的最大特色，而且餡料鹹香不膩。

鳳梨餅的最早期做法是用冬瓜醬製成，也稱「冬瓜酥」，

● 左圖爲「鳳梨餅」，右圖則是表面凹凸不平的「竹塹餅」。

內餡綿密偏甜。鳳梨雖是日治時期重要的外銷作物，但當時的本土鳳梨以及日本人從夏威夷引進的開英種鳳梨做內餡的成本過高，口感也不好又容易塞牙縫。直到 1980 年，鳳梨轉內銷，鳳梨品種與製餅技術也都改良過，才出現混合的「冬瓜鳳梨餡」和爲了與傳統鳳梨餡區隔的「土鳳梨餡」。傳統內餡做法是以一斤冬瓜加上四兩鳳梨調製而成，冬瓜含水量通常高達 90%，煮熟脫水後再加入鳳梨、糖、麥芽，經長時間慢熬後，不僅纖維細密、不黏牙，更襯托出鳳梨香味。

隨著經濟快速發展及民間習俗的簡化，再加上 1977 年「超群喜餅」首度將西餅引進台灣，改變了人們僅將傳統大餅當成喜餅的習慣。而鳳梨餅亦是經糕餅師傅改良，將其縮小成每個大小約 25 ～ 100 克的精巧小餅，後來更結合西方奶油與中式鳳梨餡料製成現今常見的「鳳梨酥」，由於外皮酥鬆化口，鳳梨內餡甜而不膩，現已成爲觀光客最喜歡的拌手禮之一。這使得「傳統大餅」已不再只是應用在生命禮俗、祭祀、節慶慶典上，更是茶餘飯後的點心選擇，甚至是能做國民外交的台灣味點心之一。

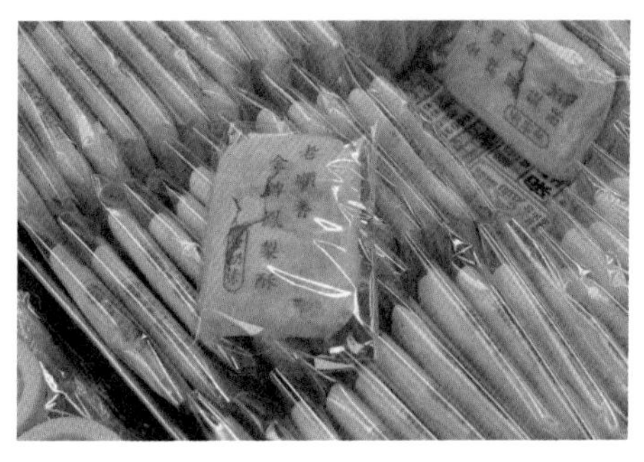

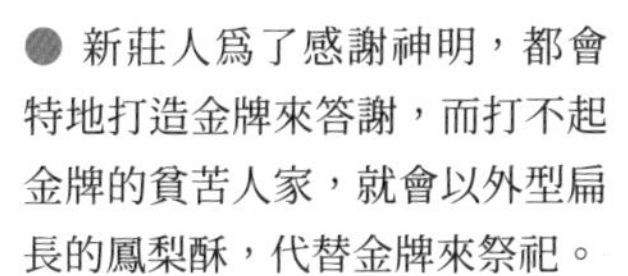

● 新莊人爲了感謝神明，都會特地打造金牌來答謝，而打不起金牌的貧苦人家，就會以外型扁長的鳳梨酥，代替金牌來祭祀。

也能當牲禮的點心

# 麵粉酥

「麵粉酥」不是「沙琪瑪」喔！雖然都是麵粉、糖、油、雞蛋、麥芽糖的組合，外觀也差不多，但沙琪瑪口感鬆軟，麵粉酥外酥內軟，兩者口感仍略有差異。早年製作麵粉酥主要使用鴨蛋，故也稱「鴨蛋酥」，但現今多以雞蛋製作。在以前，麵粉酥也會用來搭配嫁娶用的喜餅（一塊喜餅配一塊麵粉酥，或一塊喜餅配一塊糕仔）。

麵粉酥的粗胚成型取決於刀口模具，會影響成品口感，有片狀、粒狀和水滴狀，各家不同。片狀的規格較為常見，粒狀類似寸棗糖，而水滴狀因貌似木瓜籽，也有人稱為「木瓜酥」。另一個口感關鍵——裹糖，是用麥芽糖與砂糖炒製成的糖液，溫度高低及糖量的多寡需仰賴師傅純熟的經驗，

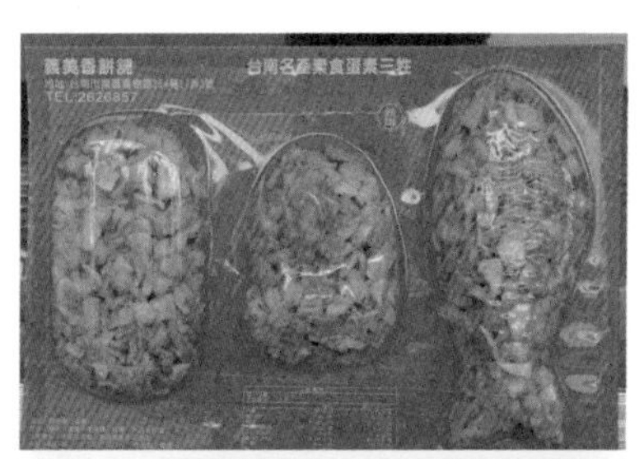

● 用麵粉酥做成的素三牲（魚、豬、雞），通常用在小型祭祀儀式（土地公、祭祖、灶神等）。湊足五種不同形態的的五牲被視爲最高規格的供品，爲民間祭品最隆重的牲禮，通常用來祭拜玉皇大帝和三官大帝等位階較高的神靈，或是婚喪場合、中元普渡才會準備五牲。

一旦拿捏不好，就得整鍋重做。把麵胚與糖漿拌合，入模定型，趁著微溫狀態就要開始整型。至今麵粉酥的製作仍需仰賴人工，依據天氣的變化，師傅以個人經驗拿捏調整，雖然機械化可以將製程簡化，但手工做的口感還是有差異。

## 關於麵粉酥祭祀用習俗

自古以來，人們爲了表示對祖先們的誠意，會準備三牲作爲拜拜用的供品，主要是豬、雞、魚，故麵粉酥常見做成這三種。祭祀用的牲禮還有四牲、五牲以及小三牲的區別，因「四」音似「死」，在民間普遍被視爲不吉利，故很少人擺放四牲，一般以三牲較爲常見。

1997年，台灣曾爆發口蹄疫，加上2003年出現禽流感，造成豬、雞價格變貴且肉品短缺很長一段時間，由於民間或廟裡仍有祭祀拜拜的需求，有糕餅業者想到可用麵粉酥手工捏製豬、雞、魚來取代，當成素牲禮來使用（後來又進一步研發出五牲）。業者把麵粉酥做成的牲禮放在紅色紙板上，附上透明蓋，以利保存，消費者買回家後就能立刻供奉使用，非常方便。用麵粉酥做成的素三牲，通常用來祭拜一般神明（例如土地公、王爺、媽祖等），以及過年祭祖使用，湊足五種不同形態的「五牲」則爲民間祭品最隆重的牲禮，是祭拜玉皇大帝和三官大帝等位階較高的神靈，或舉辦重要的婚喪場合、中元節普渡時才會特別準備。

在廟會「乞龜」時，也會將麵粉酥做成龜、豬、牛、羊等各種形狀。有趣的是，有些神明還會指示「斤兩」，店家按照顧客希望的幸運數字來客製化，有模型就用模型壓出；若是斤兩大的話，就需要手工捏製，除了動物形狀，連壽桃也可用麵粉酥來代替。只是由於做工繁複，這樣的食物記憶已慢慢消逝，只剩少數幾間店家有製作麵粉酥。

●壽桃形狀的麵粉酥和麵粉龜。

樣貌和吃法多元

# 酥餅

提到「酥餅」，多數人會聯想到台中大甲的「奶油酥餅」。其實膨餅、麥芽餅、太陽餅、老婆餅（冬蓉酥）、風吹餅、牛舌餅、柴梳餅等，通通都屬於酥餅家族，主要成分、口感、口味雷同，所以常被搞混。最早期的酥餅變化沒有現在那麼多，主要以豬油加麵粉做成油酥皮，包入糖當成內餡，經烘烤成爲多層次薄餅。現今有圓蓬軟殼的「膨餅」則改用麥芽糖，口感比以前更好，是「酥餅」的原始雛型。由於食用方式改變，不再只配茶，進而延伸出把餅泡在熱水、牛奶、麵茶、杏仁茶、花生湯裡的吃法，因此也稱爲「泡餅」。

在早期社會，酥餅通常是富有人家才會買的茶點品項，又稱「細餅」，因爲餅本身細緻而取名。酥餅之一的「風吹餅」爲鹿港早期的傳統喜餅，名稱由來是當時的工作環境高溫悶熱，在室內烘烤出爐後，會立刻放到戶外排列散熱。彰化鹿港的海風強勁，讓路人以爲是用風「吹」出來的大餅，才戲稱爲「風吹餅 」。

# 027

現今爲了食用方便，改爲半台斤一片，至今有些家庭嫁娶兒女時，還是會指定用這種傳統大餅。做法其實跟厚的牛舌餅差不多，但爲了做區隔，會添加少許香蕉油，其內餡還有麥芽糖，故口感遇熱則軟，遇冷則硬。

若將酥餅內的酥油或豬油換成奶油，就是我們熟知的「奶油酥餅」了。原本酥餅也是台中大甲的傳統喜餅之一，因媽祖信仰成爲香客進香之地，才變成地方名產，每年農曆三月媽祖遶境活動，四面八方的信徒會組成聲勢浩大的進香隊伍，酥餅自然成爲祭拜媽祖的最佳供品。基於消費者大多吃素的需求，業者便以天然奶油取代傳統豬油，「奶油酥餅」因此誕生。

而麥芽餅（麥飴餅）也是將傳統的軟殼膨餅做改良的版本，由於餅的形體渾圓、中間蓋有店家的紅色印記，像極了太陽，再加上店名爲「太陽堂」，因此更名爲「太陽餅」，成爲台中最具代表的拌手名產。

●（左圖）蓋上紅印的小顆膨餅。●（右圖）鹿港早期的傳統大餅——風吹餅。

滋潤又補血

# 椪餅與銅錢餅

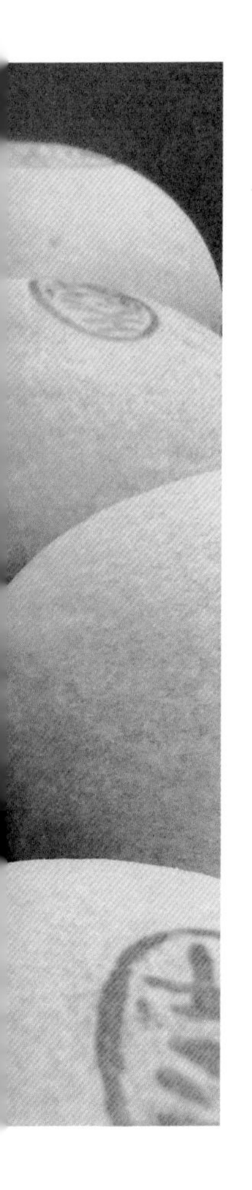

白色大圓球體，外皮薄如蛋殼，俗稱「凸餅」的「椪餅」，內部附著一層薄又香甜的糖餡，甜蜜且香氣十足，故又稱「香餅」。相傳是隨著鄭成功從台南鹿耳門登陸後才出現的食物，原本是神明壽誕的祭祀供品，現在則成爲台南在地的特色點心之一。

椪餅有分黑香與白香，以黑糖做的稱爲「黑香」，白糖做的稱爲「白香」，也有葷素之分。一顆椪餅的製作講究之處甚多，餅皮要薄脆，更要膨脹得均勻、不破裂，糖餡不能只黏在椪餅裡的底部，連餅皮內也得雨露均霑。由於完全不加任何膨鬆劑，只靠內餡的糖遇熱膨脹，自然把餅撐大，因此從餅皮擀製時的力道、手勁，到包餡時的緊密度都很重要，是椪餅製作成功與否的關鍵，得靠有經驗的師傅才能把椪餅做得圓膨漂亮。

「黑糖椪餅」對於女性有滋潤補血、安定神經的食療效果。俗諺說「吃三個椪餅，等於吃

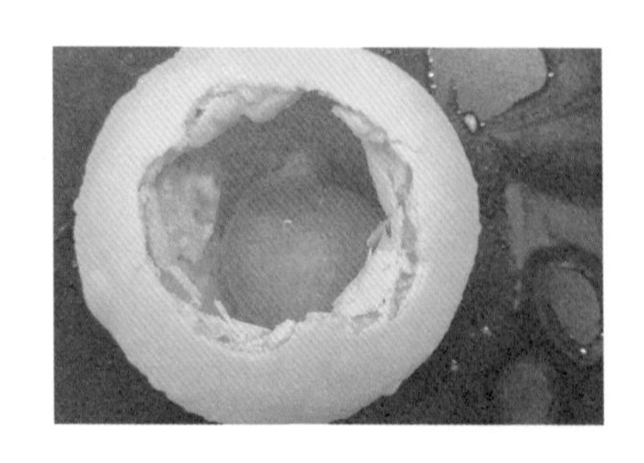

● 把椪餅弄破，打入雞蛋、放龍眼乾，淋上米酒，就是滋補的「月內餅」。

一隻麻油雞」，因爲早期社會不是人人吃得起麻油雞，於是就用黑糖爲餡的椪餅，先入鍋以麻油煎薑，再把「椪餅」放上去，中央敲個洞後打入雞蛋、放些龍眼乾，小火慢煎至雞蛋全熟後壓扁，最後淋點米酒添增香味，就是一道簡易的溫補料理，也成了台南婦女獨特的月子餐，讓椪餅有了「月子餅」、「月內餅」的稱呼。至今仍有長輩在媳婦或女兒坐月子時，會煎月內餅來幫她們滋補身體。除了直接食用，麻油蛋煎椪餅、花生仁湯泡椪餅也是老饕們喜愛的經典吃法。

## 椪餅的兄弟——台南常見的銅錢餅

銅錢餅有著淡雅甜味、不膩口，外型貌似古代銅錢而得名。以黑糖或白糖爲餡，再包上外皮，擀成扁圓形；早期會蓋上紅色「招財進寶」銅錢印記，再送進爐中烘烤。銅錢餅應該是椪餅失散多年的兄弟（所以才會消風吧！？），兩者使用的食材跟製程是差不多的，但口感卻極爲不同。

●（上圖）椪餅的內部中空，有著甜香黑糖餡。

●（下圖）以黑糖或白糖爲餡，貌似古代銅錢形狀的「銅錢餅」，也是台南名產。

幼工出細餅

# 桶餅

「桶餅」就是放在桶子裡的餅，是小金門（烈嶼）名產，主要原料爲麵粉、油、砂糖、芝麻等材料，桶餅雖然只有六公分左右，看起來小小一塊，卻需要十道製作程序才能完成。由於製程繁瑣、做工很細，又名「幼餅（金門話）」，是早期社會的高貴點心代表。聽金門老一輩的人說，以前買得起幼餅，肯定是很了不起的人物，尋常百姓只能買零售的。之所以稱「桶餅」，是因不耐碰撞，加上早年沒有塑膠袋，故用桶裝，亦有店家將它叫做唐餅（諧音）。

## 常民生活的食療養身智慧

以前的人買桶餅都是爲了拜拜，或是生病、坐月子的時候滋補養身之用。外形看起來像是小型燒餅的桶餅，內餡以豬油

與油蔥混合，吃來帶著鹹香，滋味讓人難忘，在地人也很有巧思地延伸出多種吃法。烈嶼人的月子料理——「麻油煎桶餅」，是先熱油鍋，爆香麻油與薑絲，把桶餅兩面煎得焦酥，有的還會加入金桔餅一起煎，起鍋時，再淋上高粱酒，更是一絕，足以跟台南的月子餅 PK！在小金門的產後婦女，有些人還是會用這個方法補身，順便用來犒賞坐月子時的「第二個胃」。以往農忙時，早上也會以牛奶浸泡桶餅裹腹，成爲一日下田工作的能量來源，同時也是配茶的好點心。

桶餅的三種吃法：

1. 用烤箱回烤，就會跟剛出爐一樣好吃。
2. 泡著牛奶吃。
3. 用麻油和薑絲把桶餅煎香。

● 桶餅不僅能祭祀，同時也是常民點心。若將桶餅與金桔餅搭配，更有食補效果。

金門喜宴的完美結尾

# 禮餅

## 輪形酥皮很有層次

禮餅又稱「吉餅」，和台灣本島所稱的桔餅不同，是金門特有的傳統食物。以油酥皮包餡，內餡通常有伍仁（冬瓜糖、花生仁、小桔餅、芝麻、糖、糕粉）拌夾，或用綠豆沙當成甜餡，層層輪形酥皮需以手工定型。金門禮餅與一般用火烤焙的禮餅不同，那多層次的酥皮是經高溫油炸而成，即使歷經幾十年，古早味的做法至今也不曾改變。因爲豬油成分高，熱騰騰地吃最可口，冷掉的味道自然差了許多。

金門的傳統喜宴共有十二道菜色，稱爲「二併一湯」，即出兩道菜之後出一道湯，共計八道菜、三道湯、一道甜湯。出菜次序雖然會略有變動，但最後一道菜必爲「禮餅配甜湯」，

只要這道點心一出場，就代表宴席接近尾聲。圓厚又酥、飽滿的大禮餅有圓滿吉祥之寓意，甜湯則是鳳梨湯（罐頭鳳梨切片煮糖水）或桂圓湯，代表吃甜甜，祝福新人早生貴子。

禮餅要做得好吃，餡的甜度要適中，油炸的外皮要酥脆，一般上桌前還會入鍋加熱一下，最後切成小塊以利食用。現今會做禮餅的老一輩師傅越來越少，人們也追求更便利、舒適的用餐環境，昔時的辦桌習俗漸漸被餐廳、菜館取代。

在金門，禮餅同時也是宗廟祭祀後「吃頭（祭祖後的餐敘）」宴席中常見的一道菜。店家不會天天製作，多半是當地人特別訂製，才會額外多做來販售，若想品嚐的人要碰點運氣，多跑幾家漢餅店才找得到。

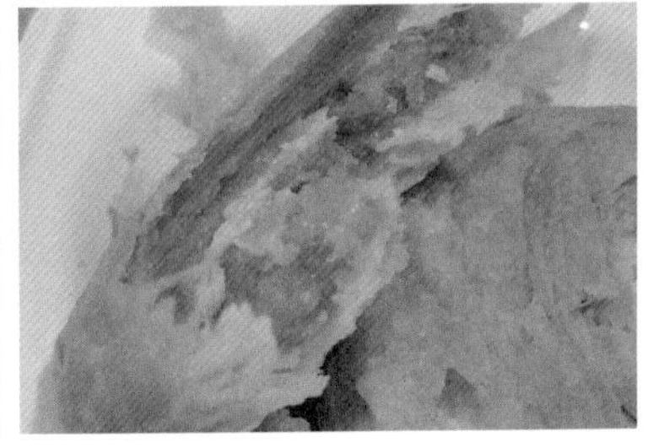

攝於沙美怡馨糕餅店的禮餅。

台東人的月餅

# 封仔餅

在台東，有中秋月餅之稱的「封仔餅」，外型像縮小版的太陽餅，薄薄的奶油酥皮包覆著厚實的綠豆沙餡，在縱谷、海岸線和市區仍有超過八十年的製餅老店。誕生於物質匱乏的日治時期，當時的人們想歡慶中秋節，卻沒有能力購買精緻高價的廣式月餅及蛋黃酥，於是和菓子師傅以綠豆為餡，再放進烤爐烤成圓餅。

有別於一般盒裝月餅，封仔餅的單位是以條來算，而「一條」在閩南語讀音為「一封」，因此有了「封仔餅」的稱號。封仔餅以十個為單位，用紙包在一起、以草繩捆起，最後用毛筆在包裝上寫「中秋月餅」四個大字，是台東人過中秋時吃的庶民版月餅。後來為了送禮要喜氣，故改用粉紅色紙張來包，並沿襲至今，包裝既環保又有美好寓意。

# 031

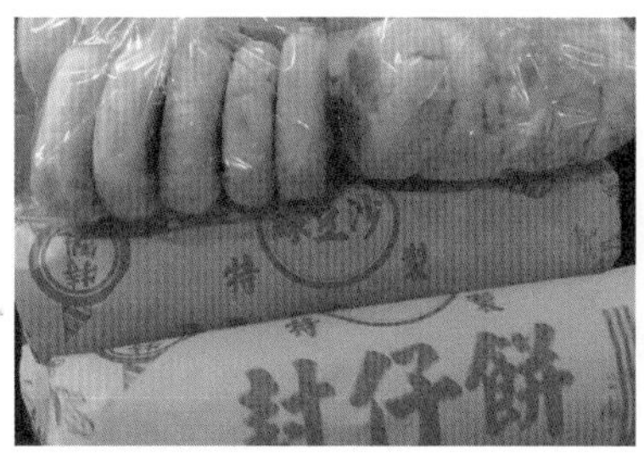


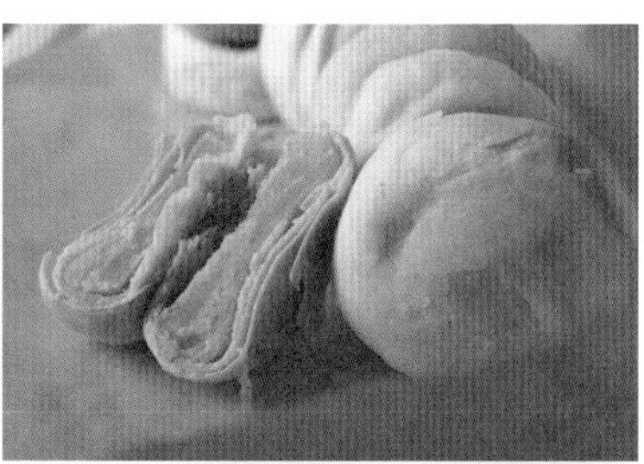

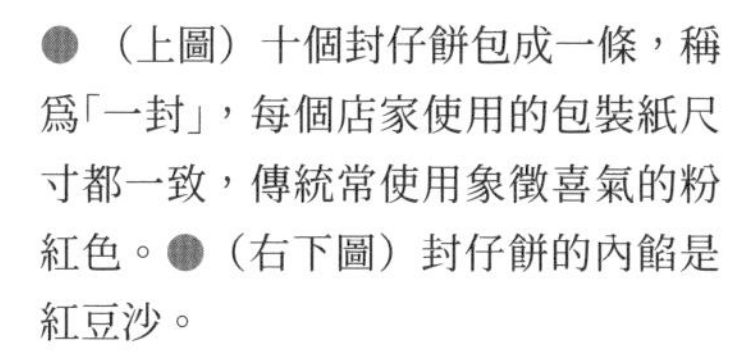

● （上圖）十個封仔餅包成一條，稱為「一封」，每個店家使用的包裝紙尺寸都一致，傳統常使用象徵喜氣的粉紅色。●（右下圖）封仔餅的內餡是紅豆沙。

渾圓厚實的封仔餅皮薄，內餡綿密不甜膩，餅的尺寸大約直徑六公分、高為兩公分，每間餅店製作的規格似乎都有某種默契。也因為如此，連包裝紙尺寸大多一致，只是每間餅店用紙的顏色略有不同，傳統上偏愛使用象徵喜氣的粉紅色、大紅色居多。

折法有點類似包潤餅，將包裝紙的一角朝向自己，像是貼春字福字的小春聯那樣。先將餅對齊置中，將靠近自身的那一角拉到餅的上方固定，左右側收口，再前滾翻一圈，用膠帶貼住最後一角固定即可。不同口味如白豆沙、紅豆沙，則以小標籤做區別，或直接印上不同的品項名稱。

平民的月餅

# 月光餅

客家人稱月亮叫「月光」，每到中秋節就有拜月娘的習俗，俗稱「拜月華」，在大溪從事農業的客家人為了祈求年度收成圓滿豐收，會製作月光餅祭拜使用。「月光餅」外型圓圓的，就像月亮一般，故有此美名，是客家人對月餅的統稱，又稱「月華餅」。桃竹苗地區的客家人製作的月光餅外型圓扁，白色餅皮上有兩排小點，中間蓋上紅印裝飾表示喜氣，因為內餡使用了地瓜，也有人稱為「地瓜餅」。

## 成分單純，滋味卻暖心

月光餅的製作歷史，最早可以追溯至日治時期。當時社會物資缺乏，故麵粉配給有限，甜味餡料自然選擇便宜又好取得的地瓜，蒸熟後再拌入糖和勻，使用地瓜除了增加口感

# 032

● （左圖）從內餡到外皮，月光餅只能以手工製作，因爲早期內餡的地瓜比外皮的麵粉便宜，因此做出來的餅皮薄。●（下圖）傳統月光餅的餅皮表面會打洞再點紅。

和飽足感之外，也便於保存。外皮原料主要是麵粉、水、豬油擀成，但麵粉比例少，這就是月光餅的餅皮爲什麼很薄的原因。當時的人們買不起廣式月餅，因此價格平易近人的「月光餅」漸漸成爲中秋應景的糕餅，即使是平民也能開心吃餅過節。

剛出爐的月光餅散發著微溫麵香，外皮香酥、內餡鬆軟，地瓜香氣就像剝開烤地瓜的瞬間那般暖心，能感受到香氣。甜而不膩的好滋味在客家飲食中傳承已久。隨著時代更迭，月光餅的口味也更迎合現代人的喜好，外皮已換上以油酥、油皮擀成的酥油皮。

食譜

Cooking at home

# 如果想在家做月光餅！

## Ingrdients

**食材**

【油皮】
中筋麵粉 100 克
糖粉 20 克
無鹽奶油 40 克
溫水 40 克

【內餡】
地瓜 216 克
麥芽糖 30 克
鳳片粉 54 克

紅麴液少許

## Methods

**做法**

1. 中筋麵粉和糖粉一起過篩，備用。
2. 倒粉入碗，中間挖個洞，放入無鹽奶油。
3. 慢慢加入溫水，揉勻成團，直到麵團表面光滑爲止。
4. 蓋上保鮮膜，鬆弛 30 分鐘即爲油皮，分成 10 等份，備用。
5. 地瓜去皮切片，用電鍋蒸熟，趁熱搗碎，加入麥芽糖拌勻。
6. 加入鳳片粉混勻成內餡，分成 10 等份，備用。
7. 將做法 4 的油皮切小塊，擀成直徑約 10 公分的圓形麵皮。
8. 中間放上地瓜餡，收口捏合向下，放在鋪有防沾烤布的烤盤中。
9. 將餅球按壓成直徑約 8 公分的圓餅。
10. 用叉子在表面戳小洞，以免烘烤時太過膨脹。
11. 以筷子尾端沾些紅麴液，在餅皮中心處點紅。
12. 烤箱預熱 170℃，烘烤 10 分鐘取出，翻面再烤 10 分鐘即可。

苗栗縣餅

# 肚臍餅

硬硬的白麵皮包著綠豆沙餡，頂部不能完全被餅皮包住，這是台灣所有糕餅中最具辨識度的「肚臍餅」，外層白餅皮略帶酥脆，散發單純的麵香，內層的綠豆沙餡料綿密細緻，樸實又有內涵的滋味讓人印象深刻。因其餅皮不摻油，烘烤後中間餡料凸出，而形成特殊造型，形狀類似月亮及奶頭，所以又被稱作「綠豆凸」、「月光餅」、「奶頭餅」。

## 客家媽媽給孩子愛的點心

擁有百年歷史的肚臍餅，由來衆說紛紜，有一說是 1905 年左右，在苗栗糖廠工作的日本技師，因爲思念家鄉的和菓子點心，故與當地的糕餅師傅就地取材，利用綠豆和地瓜組

● 包有綠豆沙餡的肚臍餅，又稱爲「綠豆餅」。

合成內餡，卻意外發現加入地瓜泥的餡料更加軟滑綿密。另有一說是苗栗人多爲勤儉的客家子弟，務農婦女們常忙於工作，無法按時哺乳，爲讓嬰幼兒喜歡食用以補充營養，故做成奶頭形狀，當時稱爲「奶頭餅」，後來改爲「肚臍餅」，是以前客家庄經常看到的點心。坊間相信肚臍有招財之意，也能夠帶來好福氣。後經苗栗縣政府認證，正名爲「肚臍餅」，同時稱爲「苗栗縣餅」。

肚臍餅最初是以地瓜爲主要食材，現今爲了讓口感更好，有的改採綠豆沙、地瓜泥各半，也有純用綠豆沙來製作。現今業者還研發客家蘿蔔乾、肉燥、紅麴、擂茶等多種口味可供選擇，是只有在苗栗才能品嚐到的美味喔！

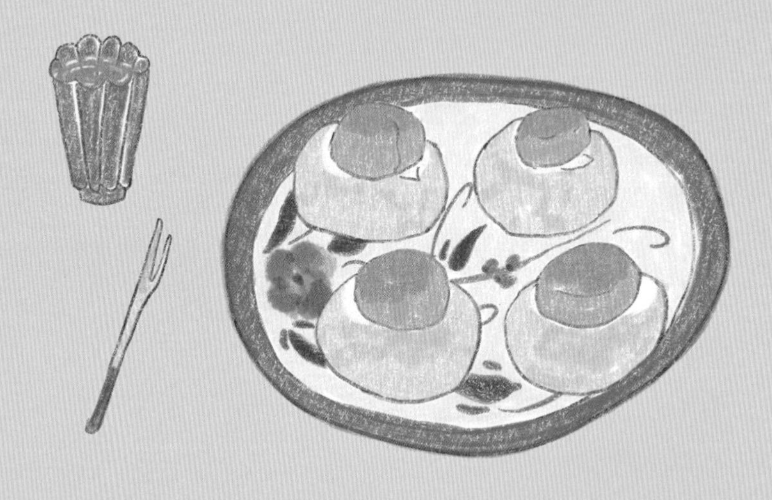

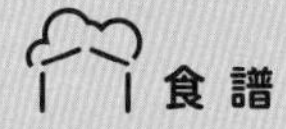


Cooking at home

# 如果想在家做肚臍餅！

## Ingrdients

**食材**

【餅皮】
中筋麵粉 180 克
奶油 60 克
糖粉 10 克
水 90 毫升

【內餡】
地瓜 170 克
無油綠豆沙 170 克

## Methods

**做法**

1. 地瓜去皮後切塊，用電鍋蒸熟後攪成泥狀，備用。
2. 與無油綠豆沙混合均勻即為內餡，分成 10 等份，備用。
3. 將餅皮材料加入鋼盆中，拌揉成光滑的水油皮麵團。
4. 蓋上保鮮膜，鬆弛 20 分鐘，分割成 10 等份，備用。
5. 將內餡包入麵皮，收口捏合朝上，排入有烤焙布的烤盤內。
6. 烤箱預熱上火 160、下火 180℃，烤 18 分鐘至中間凸出即可。

送給好兄弟的天鵝湖

# 鳥仔餅

鳥仔餅起源於日治時期，最早的由來與中元普渡習俗密切相關，尤以雲林大埤、嘉義溪口等地區最爲盛行。在早期的台灣社會，每逢節慶或普渡拜拜，牲禮供品是免不了的，但不是每戶人家都有足夠財力負擔得起，因此將糕餅捏製成各種形狀，來滿足平民拜拜的需求；另有一說是爲了避免殺生，所以製作素食的鳥仔餅。原本只在農曆七月供應，因費工費時，故無法大量生產，但隨著時代演變，後來發展出更多不同口味供顧客選擇，成了獨特的地方拌手名產。

鳥仔餅的食材主要以麵粉、酥油、麥芽糖爲麵皮，內餡則放入平價又方便取得的地瓜，但地瓜需經清洗、去皮、切

# 034

● 食材簡單、味道樸實的傳統鳥仔餅以往是中元普渡常用的供品，現已從節慶拜拜的供品，演變成在地人的配茶點心，也有不少喜愛吃古早味點心的外地遊客慕名而來。

片、蒸煮、搗泥等繁複程序，加入砂糖與麥芽糖熬煮數個小時，才能完成內餡，再以麵皮包裹，純手工捏出小鳥形狀。

## 坊間說法的鳥仔餅寓意

烘焙完成後的鳥仔餅外皮黃金香酥，而且內餡扎實。在早期，除了小鳥形狀，師傅們還會捏製成魚、葉形、土虱、葫蘆、煙斗等樣式，所以也稱之爲「色餅」（爲衆多形色款式的糕餅之意），因當時小鳥造型特別受到歡迎，後來統稱爲「鳥仔餅」。在坊間還有個說法，小鳥的形狀象徵自由、無拘無束，讓當年身處在不安和壓抑生活中的人們，多了一份滿足與尋求自由的渴望。

豐原的代表點心

# 綠豆椪

早期常見的糕餅大多是「大餅」，聽老一輩的人說，當時餅的內餡口味選擇沒現在那麼多，做餅師傅多以地瓜當餡，偏乾難嚥的口感眞的談不上絕頂美味，因爲「餅」在那個時代，只不過是延長保存的充飢乾糧而已，而綠豆椪也是用地瓜當內餡的餅類之一。

## 台灣的綠豆椪之父

「綠豆椪」可說是台式月餅的代表之一，台中豐原與神岡地區自日治時期便以漢餅聞名全台，加上在地的糕餅師傅們學習和菓子與西式糕餅等技術，逐漸發展各式糕餅樣貌，使得豐原有「糕餅之鄉」的美稱。創業於清光緒 26 年（西元 1900 年）的「老雪花齋餅行」，創辦人呂水先生在台灣糕餅史上擁有多項傲人紀錄，不僅是綠豆椪的創始店，更曾在日治時期奪得大獎。從此，雪花餅名聲傳遍全國，成爲豐原地區最具代表性的糕餅，呂水也被譽爲「綠豆椪之父」。

● 綠豆椪的創始店「老雪花齋餅行」的前世與今生，創辦人呂水先生在台灣糕餅史上擁有多項傲人紀錄。

● 綠豆椪烤熟後餅皮撐開，會呈現出雪花片片的層次感，故而得名「雪花餅」，也有人稱爲「翻毛月餅」，形似羽毛一般。

## 餅皮烤熟後會撐開的「雪花餅」

呂水先生烤餅時發現，沒有翻面烤的餅，其餅皮雪白、中間會微微凸起，於是嘗試單面烤法，並且只使用綠豆沙餡，顛覆了傳統油酥餅皮雙面烘烤的方式，同時縮小尺寸，以節省烘烤時間，結果烤出來的成品深受顧客喜愛。當時呂水的夫人依照外形特徵隨口說出「綠豆椪」，因爲烤好的餅中央凸起膨脹的緣故，但其實「綠豆椪」在當時的名稱原是「雪花餅」，烤焙後的餅皮會撐開，而呈現雪花片片的層次、羽毛般輕盈，因而命名。隨著社會經濟好轉後，後期許多糕餅店才加入滷肉、紅蔥頭，成了台式口味的「滷肉豆沙」，香氣十足。無論是甜香或鹹香的內餡口味，各有愛好者，也是贈送外國朋友的絕佳點心選項。

綠豆凸
綠豆凸

Cooking at home

# 如果想在家做綠豆椪！

## Ingrdients

**食材**

【油皮】
中筋麵粉 300 克
糖粉 12 克
豬油 120 克
水 120 克

【油酥】
低筋麵粉 140 克
豬油 65 克

【內餡】
綠豆沙餡 720 克
熟白芝麻 50 克
豬絞肉 240 克
油蔥酥 60 克
白胡椒粉 2 克
白砂糖 3 克
醬油 5 克
鹽 2 克
沙拉油 適量

## Methods

**做法**

1. 將油皮材料依序放入碗中拌勻，分成 24 等份，備用。
2. 將油酥材料拌勻，也分成 24 等份，備用。
3. 取一個油皮包入油酥，擀捲兩次，蓋上保鮮模，鬆弛 15 分鐘即爲油酥皮。
4. 熱鍋，倒入沙拉油，先放入絞肉炒香，再加白芝麻、白胡椒粉、白砂糖、醬油、鹽炒至上色，再放入油蔥酥炒勻即油蔥酥肉餡，冷卻備用。
5. 將綠豆沙餡分爲 24 等份，每份包入做法 4 的油蔥酥肉餡 15 克，收口捏緊即爲豆沙肉餡。
6. 取一個油酥皮擀成 7 公分圓片，包入豆沙肉餡，收口捏緊朝下，按壓成平整的扁圓形。
7. 排入有烤焙布的烤盤內，以竹筷沾紅色食用色素在餅上點紅（亦可省略）。
8. 烤箱預熱至 170℃，烘烤 10 分鐘後，將溫度調爲 150℃，再烤 15 分鐘即可。

基隆人熟悉的點心

# 咖哩餅

在台灣，我想應該沒有比基隆更愛咖哩的城市了！日本人在明治維新時期崇尚西洋文化，引進來自國外的咖哩，因此在日治時期，咖哩也隨之帶入台灣，並且走進中高階知識份子的廚房裡，因爲在當時，報紙會刊登咖哩報導及食譜，店面也可買到咖哩粉。由於基隆是最靠近日本的港口城市，而成爲重點開發區，當時基隆人口約四分之一爲日本人。作爲國際商港的基隆，深受日本移居者的影響，接納大量外來文化，奠定了與咖哩的緣份。

二戰結束後，不少潮汕人士奉命接收日治時期留下的製糖會社。落腳定居基隆賣起家鄉味，留在港口附近的汕頭人，在沙茶炒麵裡加上跑船帶回來的南洋咖哩，殊不知這樣的突發其想，竟造就了基隆飲食文化中的一大特色。

# 036

● 日治時期，基隆港爲貿易聯繫首要樞紐，咖哩因此傳到台灣，自然地融入當地人的飲食生活中。

咖哩在基隆人的味蕾上佔有一席之地，由多種香料混製料理而成的咖哩，樣貌多元並存且四處可見：舉凡炒飯到麵料理，樣樣皆能與咖哩做結合。然而對咖哩的偏愛，連做點心都不放過！「咖哩餅」皮餡都有咖哩，只是配比不同，內餡以豬絞肉加入豬油炒過再拌入咖哩粉，再加綠豆沙餡，可以說是「黃金版本」的綠豆椪。

咖哩餅金黃色的外皮上印有紅色印記，小小一顆卻味道濃郁，咬下去有餅皮的酥鬆，還吃得到咖哩香、滷肉的鹹香和豆沙甜而不膩的滋味，是在地基隆人從小吃到大的點心。可參考本書「綠豆椪」的做法，在油皮材料和內餡中加入一至兩匙咖哩粉來操作，就能體驗到不同風味。

小孩的收涎餅

# 牛舌餅

牛舌餅是台灣人熟知的傳統點心之一，也是知名拌手禮，並非以牛舌製作，是因爲外形爲長橢圓狀，形似牛舌而得名。在台灣，以牛舌餅聞名的地方有兩處，鹿港和宜蘭，雖然原料都是麵粉、麥芽糖、鹽等，但兩者在形狀、製法及口感上不太相同。以前的牛舌餅是放在很大的玻璃罐裡，顧客要買的時候再拿幾根出來，不像現在包裝精美，也方便送禮。

## 給孩子的「收涎餅」

宜蘭牛舌餅講究薄脆，鹿港的則以皮酥餡軟與麵香取勝。如果說鹿港牛舌餅算是麵餅的一種，那麼宜蘭牛舌餅比較類似餅乾，將麵團擀成長薄形狀，在中間劃一道切痕，讓

# 037

裡頭的空氣在烘烤時蒸發掉，如此就不易變形，也更像牛的舌頭。宜蘭牛舌餅的前身爲「牛舌粿」，利用在來米、桑椹葉、鼠麴草、香茅葉磨漿，再蒸製而成。隨著美軍援助帶來麵粉，改變了牛舌粿的製作方式，麵粉變成主原料，粿則變成了牛舌狀的酥餅，是早期「收涎」儀式的必備品之一，據說吃牛舌餅會「長歲壽（台語）」。住在宜蘭的韓阿輝老師傅，曾到福建廈門習得糕餅技術，回台後發明了牛舌餅並傳給徒弟開的老元香餅舖，後來逐漸知名，成爲宜蘭特產之一。

早在清朝時期，牛舌餅就是相當流行的茶點了，那時代的鹿港是很重要的海港，在天后宮前面到處有賣牛舌餅的小販。當時牛舌餅的價錢便宜，在港邊搬貨的工人們常買來果腹。1979 年，擔任省長的前總統李登輝在端午節舉辦第一屆的全國民俗才藝活動，把牛舌餅列入民俗茶點，自此這項庶民點心才受到矚目。

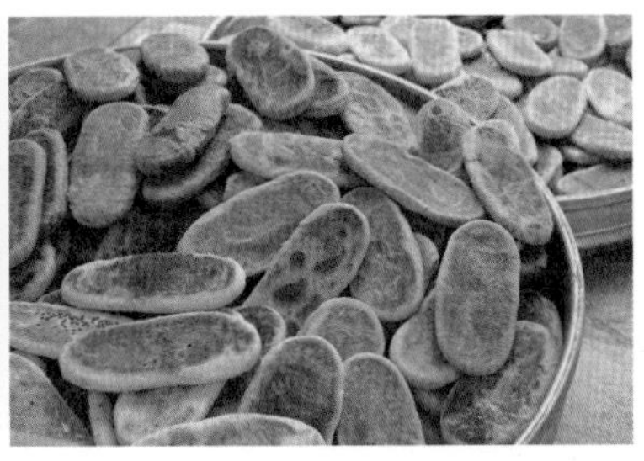

● 鹿港牛舌餅以皮酥餡軟與麵香爲特色，直到現在，牛舌餅變得更加多樣化，除了原味，也有多種顏色。

又稱鹹光餅

# 繼光餅

在台灣，能吃到繼光餅最知名的兩個地方是新莊和馬祖。相傳是與明朝將軍戚繼光有關，在嘉慶年間，戚繼光進駐福清平定倭患，爲了快速行軍，指示士兵自製烤餅當作乾糧，這便是「光餅」的原型。後來，士兵們發現烤餅雖可充饑，但多食易上火，不易消化，常有便秘的困擾，於是在麵團中加鹽，以幫助消化，加上能潤腸胃的芝麻，這種改良版烤餅深受戚家士兵喜愛。人們爲了紀念戚繼光的事蹟，便把這種烤餅稱之爲「繼光餅」，也因爲吃起來帶有鹹味，又叫做「鹹光餅」。

「一府二鹿三艋舺」象徵台灣對外貿易的興盛繁華，但很少人知道，在當時的萬華，也就是「艋舺」還沒發展起來前，在新莊老一輩的說法是一府二鹿三新莊。位於新北市新莊區的新莊廟街，在早期是北部最早開發的地區，當地開設不少糕餅店。如果問新莊人在地名產是什麼？他們一定會說是「鹹光餅」。每年農曆五月初一是「新莊大拜拜」，慶祝文武大衆爺聖誕遶

● 被稱為「台式貝果」的馬祖繼光餅，不僅是有飽足感的點心，也能上得了宴席，讓客人們享用。

境出巡時，廟方會發「鹹光餅」給沿路的信眾吃，保佑信眾平安，成了有吃有保庇的「平安餅」。

## 外型酷似貝果的鹹光餅

鹹光餅只靠老麵、鹼水、鹽製作而成，材料單純，在沒有酵母的年代，「老麵」是增加香氣與彈性的重要關鍵，需經由幾個小時醒麵，成品口感有嚼勁、更濕潤，展現出純粹的老麵香氣。以往常見有兩種口味，為方便信眾們辨認，鹹的鹹光餅有芝麻，甜味的則不放。到了現今，為順應現代人口味而有所調整，同時利於在常溫下久放，有的還加入奶粉、植物油調整香氣，被戲稱為「台式貝果」。

（左圖）新莊版的鹹光餅是新莊大拜拜時必備的「平安餅」。（右圖）將鹽換成糖，做成中間無孔的大餅，是以往馬祖人的喜餅。

鹹光餅在馬祖不是小吃，而是上得了檯面的食物。馬祖人會將鹹光餅（簡稱「光餅」）從中間剖開，夾入配菜吃，就是當地人熟悉的「馬祖漢堡」，在宴席上也會擺光餅請遠方客人品嚐。聽說馬祖還流傳「吃鹹光餅可防暈船」一說，因為鹹光餅味道清淡、微帶鹹味，當乾糧吃的話不易嘔吐，同時可減緩暈船的不適症狀，據說以前阿兵哥搭「台馬輪」前總會買幾個來吃。將鹽換成糖，中間無孔的稱為「大餅」，同樣以老麵發酵製作，咀嚼後會散發自然清甜。大餅還是馬祖人的喜餅，以前十個沒料的大餅，等於一個有料喜餅的價錢。

新竹光餅代表

# 水潤餅

水潤餅的出現，據說起初是爲了取代繼光餅，新竹都城隍廟每逢農曆七月中元節會舉行遶境賑孤，范謝將軍出巡時，神將會在脖子或身上掛著以紅線穿成一串的平安餅讓信徒們拿取。當時的平安餅原本都使用酥餅，但是因爲神將的動作會導致餅碎裂，之後才改以水潤餅取代，不料竟從此風行起來，成了風城裡獨特的文化。

很多人好奇爲何取名叫做「水潤餅」？那是因爲一般的餅比較乾，但水潤餅的水分較多、口感Q軟，台語發音爲「水軟水軟」，所以稱作「水潤餅」。

# 039

● 全世界只有新竹有水潤餅，其他地方都吃不到，外表呈不規則狀，吃起來有韌度和嚼勁，吃不完可直接放冷凍，吃之前再烤回溫即可。

水潤餅的原料只有麵粉、水、糖、鹽和五香粉，先將原料放進攪拌機揉麵團，隨後切塊與壓平，最後再放到鐵板上，兩面煎烙到微微金黃即可。軟Q口感和鹹甜麵粉香，越嚼會越有滋味，淡淡肉桂香更盈滿口腔，成爲老少都愛的點心，但由於不添加防腐劑，保存期僅有三、四天。以往製作水潤餅需要大量人手，儘管部分環節可用機器替代，但利潤太薄，賣的店家越來越少。以往水潤餅產業曾經遍布新竹，隨著現代人口味改變，現在只剩下「德龍商行」在做，能購買到剛出爐的水潤餅，此外城隍廟周邊小攤販也有賣。

很有台灣味的餅乾

# 口酥

「口酥」顧名思義爲一口大小的酥餅，原先由「桃酥」演變而來。酥的口感來自於「油」，在麵粉中摻入的油越多就越酥，口酥是喝茶必備的茶點，油脂與茶中的多酚相抵，據說可以護胃。在金門的口酥故事，相傳是金門第一孝子——顏應佑爲了孝敬年邁老母，所創的免咀嚼點心。在早期，以傳統禮俗進行嫁娶時，口酥也是女方會準備給男方的訂婚回禮，讓男方致贈親友分享喜悅。也有餅舖將口酥做成大約直徑七公分、中間有洞的大口酥，當成小孩的收涎餅。口酥吃起來酥鬆易化、好吞嚥，故老少咸宜，是最具本土特色的台式餅乾。

二戰後，美軍援助台灣大量麵粉，台灣人將麵粉加上豬油特製成「口酥」，味道不會很甜，主要是吃麵粉香氣，有的

# 040

●（上圖）在以往傳統嫁娶時，包上紅紙的口酥餅是女方會準備給男方的訂婚回禮。●（下圖）小西點之一的「一口酥」，又稱爲「餅粒仔」，做法與傳統口酥完全不同。

師傅還會加入雞蛋及牛奶，甚至用杏仁露提味；在金門，則會加入高粱及花生，各家做法及大小略有不同。由於具有特殊風味及香酥口感，所以才沒有被西式餅乾完全取代。

## 除了口酥、大口酥，還有一口酥

在早期，麵包店與糕餅店不分家的經營型態，中點、西點、麵包、蛋糕什麼都會賣一些。至今少數傳統麵包店裡有販售「一口酥」這項小西點，又稱爲「阿摩羅（あもろ）」或是「餅粒仔」，比口酥多了「一」字，但做法差很多，它是來自漢餅文化的鳳梨大餅，把麵團揉成長條狀再切小粒，是改良版本的「僞」西點。

# 如果想在家做口酥！

食譜

Cooking at home

## Ingrdients

**食材**

低筋麵粉 250 克
泡打粉 3 克
小蘇打粉 2 克
雞蛋 1 顆
豬油 130 克
綿白糖 60 克
鹽 2 克

## Methods

**做法**

1. 在碗中打入雞蛋，與豬油混合攪拌均勻。
2. 加入綿白糖、鹽，再次拌勻。
3. 粉類材料過篩拌入，用切拌按壓的方式壓拌成團。
4. 分割爲 25 等份小麵團，入模按壓後取出，排入有烤盤布的烤盤內。
5. 烤箱預熱至 180℃，烘烤 20 分鐘即可。

Tip ★ 拌麵粉時，千萬不要攪拌過度，以免產生筋性，如此餅乾成品會不鬆脆。

供桌上的金元寶

# 鰻魚餐包

# 041

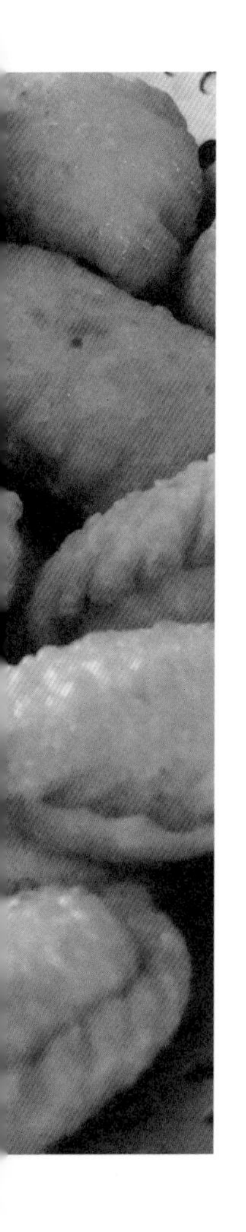

麥寮人的鱺魚餐包，裡面沒包鱺魚肉！用小麥、花生做成的「鱺魚餐包」，是麥寮老一輩婦女皆有的好手藝。民間相傳，麥寮拱範宮開山祖師純眞璞禪師渡台期間碰到大風浪，因爲媽祖庇佑才在麥寮港安全上岸。禪師向媽祖請示時，用麥寮盛產的小麥和花生爲原料，做成形狀似筊的半月形餐包祭拜，以表尊敬，希望吃了能平平安安。也因形狀酷似元寶，被居民視爲好兆頭。早期的農村社會每逢中元普渡，買不起大魚大肉的家庭也會製作鱺魚餐包，以水油皮爲衣，花生磨成粉與蔗糖爲餡，邊緣捏出如咖哩餃般的一摺摺花紋，老人家說這樣的捏法較不容易漏餡，從此便成爲麥寮人代代戶戶皆會製作的七月供品。

## 在麥寮稱爲「土仁餐包」

經高溫油炸後，麵皮表面會有泡泡狀突起，變成形似鱺魚背脊的元寶樣子，因此得名，麥寮人又稱爲「土仁餐包」或「孔魚摻包」，就是指摻夾著土仁（花生仁爲餡）的意思。曾

● 經高溫油炸後，鱷魚餐包表皮會有泡泡狀突起，形似鱷魚背脊的元寶。

有人追本溯源，認爲鱷魚餐包是泉州移民到麥寮落地生根，所帶來的百崎回族的特色美食，當地稱爲糋觳（tsìnn-khok），但因手工繁複、需耗費相當程度的人力，因此販賣的店家現已不多見了。

鱷魚餐包外觀看來像炸過的水餃，金黃色餅皮酥脆、甜香的碎花生餡，入口生香，以前的人們會帶到田裡，當成工作休息時吃的點心，既方便又好保存。無論是「鱷魚餐包」還是「土仁餐包」，還有人叫它「花生酥餃」，這從康熙年間就有的飲食技藝來台之後，已成爲麥寮在地的滋味。

看到鱷魚餐包就讓我想到「恩潘納達」，「恩潘納達」一詞來自於西班牙語和葡萄牙語動詞「Empanar」，意思是包裹，是種將餡料包入麵團的食物，流行於伊比利亞半島和拉丁美洲。而各國的恩潘納達有不同製作方法和食用習慣，如果把麥寮的土仁餐包、鱷魚餐包當成台灣版本的「恩潘納達」，好像也滿合理的吧！但是溫馨提醒，它的熱量相當高，品嚐時要節制食用～

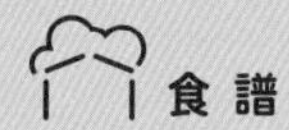
食譜

Cooking at home

# 如果想在家做鱷魚餐包！

## Ingrdients

**食材**

【外皮】
中筋麵粉 200 克
水 80 毫升
沙拉油 20 克
糖粉 10 克
鹽 1/4 小匙

【內餡】
熟花生仁 100 克
二砂糖 30 克
花生油 30 克

炸油適量

## Methods

**做法**

1. 將花生仁脫膜後壓碎成顆粒狀，也可以用調理機打碎。
2. 花生碎放入大碗中，加入二砂糖、花生油拌勻成餡料（加油是爲了包裹時不易散開），備用。
3. 中筋麵粉、糖粉、鹽倒入大碗，加沙拉油、水，揉勻成光滑麵團，鬆弛 15 分鐘。
4. 麵團揉成長條狀，分割成 25 等份，再擀成直徑約 5 公分圓形。
5. 包入做法 2 的餡料，麵皮往內摺捏出花邊，備用。
6. 準備鍋子，倒入炸油，以 160℃油溫將餐包炸至金黃即可。

**Tip ★**

1. 喜歡有花生顆粒口感的人，可以放進袋子，用刀背敲碎花生。花生與糖的比例可依照個人喜好調整。
2. 也可用一般液體油（沙拉油、橄欖油）取代花生油。
3. 每摺捏花要緊實，避免爆餡，因內餡含糖，爆餡會讓糖溢出而影響成品美觀。

8字形狀特殊

# 麻花捲

從名字就能看出來零嘴點心的歷史，在教育部《臺灣閩南語常用詞辭典》「枷車籐」（ka-chhia-tîn）釋義：麻花。把數股條狀的麵團旋扭在一起，用油炸熟的食品。日本時代《臺日大辭典》的用字和發音也有「枷車籐」一詞，可見「麻花」在當時就有了，亦可稱爲「枷車股」、「索仔股」、「索仔條」、「蒜蓉枝」，有不同說法。

「麻花捲」是使用中筋麵粉製作成麵團，手搓成長條、對摺後，一邊旋轉一邊搓成好看的繩索狀，然後下油鍋炸，最後均勻披掛上糖霜。無論叫做麻花捲或「索仔股」都是與繩子外觀有關的名稱，還有一個名字是「蒜蓉枝」，因爲在麵團中和入蒜泥，形狀又近似鹿茸。在台南專做蒜茸枝的知名店家，會堅持只在每年十二月至清明這段時間販售，因爲蒜頭是比較燥熱的食材，不太適合清明後的炎熱天氣裡食用。

# 042

●「蒜茸枝」又稱「擰枝果」，是泉州人用來供奉牛郎織女的點心。

麻花捲原本是源自閩南的美食，台灣人向閩南師傅習得做麻花捲的技藝後回國，也做起這項麵粉類點心販售，後來成爲大眾熟悉的零嘴或茶點。製作麻花捲或蒜蓉枝的店家，大多使用8字型捲法，也有少數人會做成條狀。無論是哪種形狀，要做得好看又好吃可不容易，比方和麵力道要均勻、麵團黏度及濕度得掌握得當，或根據天氣和季節調整來原料比例。此外，炸的油温不能過高，而掛霜的均勻度則取決於糖漿比例和熬製火候，處處是師傅們的經驗和技術。

## 麻花捲的最早起源

麻花捲也稱爲「擰枝果」，是七夕時的應景點心，象徵著牛郎與織女相愛不分離，以前泉州人會在七夕這天購買「擰枝果」，爲求婚姻或愛情甜蜜、幸福美滿。這項習俗在唐代透過佛教傳到日本，因此在平安時代，宮廷中也出現了繩索狀的油炸點心，當時命名爲「索餅(さくべい)」，又稱爲「麥繩」，其外觀和我們熟悉的「麻花捲」非常相似，但那個時期的版本沒有加糖，並非甜的口味。歷史學家從日本文獻中發現「索餅」、「索麵」、「素麵」在當時有混用的情況，因此認爲「索餅」就是日本「素麵」的原型。

海綿蛋糕變化版

# 牛粒

一粒一粒夾著奶油霜的膨鬆小圓餅，是早期社會人們對「西式甜點」的第一印象。在傳統麵包店或夜市裡常見以袋裝販售，物美價廉、口感酥鬆，很是討喜。據說「牛粒」或「牛力」是取自法式點心 biscuit à la cuillère（手指餅乾）的尾字發音，再以日語音譯成台語而來，因此也有「麩奶甲」、「福令甲」等別名，但大多數麵包店還是習慣稱它「小西點」。雖然詳細緣由已不可考，但透過一些店舖的傳承來推敲，可得知它的歷史至少超過六十年以上。

1955 至 1965 年間的美援時期，美國向台灣傾銷小麥、玉米及黃豆等農產品，因此政府鼓勵民眾多吃麵食，加上日治時期洋菓子陸續傳入台灣，讓當時的小西點跟小圓餅，默默成爲街角的麵包店都會賣的品項。由於「牛粒」外觀與法國馬卡龍（Macaron）相似，所以有了「台式馬卡龍」的稱呼，但兩者製作原料與口感差異其實頗大。

# 043

● （上圖）傳統麵包店常見的小西點，又被暱稱爲「台式馬卡龍」，但其實兩者截然不同。●（下圖）馬卡龍（Macaron）是法式甜點，又稱「少女的酥胸」，小圓餅的表面光滑，顏色和內餡都很多樣化。

「牛粒」主要是雞蛋、砂糖和麵粉，可說是海綿蛋糕的變化版，而法式馬卡龍則是以杏仁粉和義式蛋白霜製成。「牛粒」的製作相較於法國馬卡龍來說更簡單，烘烤時不需要講究「蕾絲裙邊」的呈現，中間夾餡也沒有法國馬卡龍那麼精緻與多樣化，僅以簡單的奶油霜塗抹。雖說「牛粒」的譯音是從「手指餅乾」而來，但在義大利和法國的手指餅乾並沒有夾餡，究竟爲何傳到了台灣後就變成了夾餡的牛粒呢？雖然沒有正確解答，但以外觀來說，圓形的「牛粒」會比長型的「手指餅乾」更好就口及包裝，而奶油霜中的水分也能讓膨鬆的餅殼帶點濕潤感，這應該是當時製作的師傅們因地制宜又帶點貼心的小巧思吧！

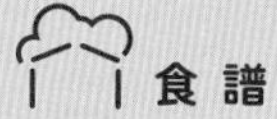

食譜

Cooking at home

# 如果想在家做牛粒！

## Ingrdients

**食材**

【麵糊】
雞蛋 1 顆
蛋黃 1 顆
低筋麵粉 65 克
糖粉 40 克

【內餡】
室溫奶油 70 克
糖粉 20 克

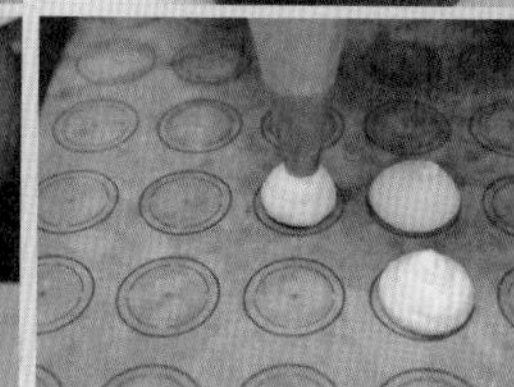

## Methods

**做法**

1. 在鋼盆中打入全蛋和蛋黃各 1 顆，攪拌均勻。
2. 隔水加熱至微溫後，打發至不會流動的稠度。
3. 篩入低筋麵粉後拌合成麵糊。
4. 將直徑 1 公分的圓形花嘴裝入擠花袋中，填入麵糊。
5. 烤箱預熱至 195℃，烤盤鋪上烤盤布。
6. 在烤盤布上擠出小球狀。
7. 把糖粉（份量外）篩在擠好的麵糊表面。
8. 放進烤箱，烤 6 分鐘至上色，即可取出放涼。
9. 將內餡材料的奶油和糖粉混合均勻至乳霜狀。
10. 取兩片烤好的餅皮，擠上奶油霜，使其相互黏合即可。

不同餅皮口感

# 車輪餅

「車輪餅」是孩提時期放學最期待的小確幸，尤其是剛烤好的，熱熱的餅皮和燙口的內餡，瞬間安慰了等待晚餐來臨的胃。在台灣，它有許多別稱，取其外型像是車輪的模樣，故稱「車輪餅」，而台語以「管仔粿」、「箍仔粿」來稱呼，許多歷經日治時代的長者則以日語「太鼓まんじゅう」（太鼓饅頭）稱之。

在日本，則稱爲「今川燒」，是在江戶時期位於東京神田的今川橋附近販售的庶民點心。「今川燒」需要用特定的模型烤製，可說是日本開始使用模具製作烘焙點心的始祖。在日本，依據地區不同而發展出許多名稱，也稱爲「大判燒」、「回轉燒」、「二重燒」，不管是哪個名字，都是指「包著紅豆內餡」，且「外型是圓餅形狀」的點心，深受大眾喜愛的鯛魚燒（たいやき）也是「今川燒」的另一種延伸。

日治時期來台的日本人，也帶來了自己的飲食習慣，「今川燒（いまがわやき）」就是其中之一。「今川燒」被融入到台灣飲食中，後來演變成我們熟悉的「車輪餅」。紅豆是今川燒的主要餡料，但在那個年代，紅豆得仰賴進口，不是所有人都吃得起，直到 1961 年，屏東萬丹的農民自行研究栽培紅豆成功，自此開始有了一定的產量，車輪餅也因此變成一般人也能享用的點心。台灣光復以後，「車輪餅」以「紅豆餅」之姿出現於日常生活中，甚至發展出在地滋味的「萬丹紅豆餅」。

比起日本的「今川燒」，台灣的車輪餅發展出不同的餅皮與餡料口味，鹹甜各有其擁護者。餅皮的口感分成偏傳統的脆皮，以及偏日式鬆軟的蛋糕皮。至於內餡，並沒有統一的做法，即使同樣是紅豆餡，在全台各地都可吃到不同配方。品嚐紅豆餅時一定要趁熱吃，才能感受到紅豆獨有的香氣和餅殼的麵粉甜香及口感。

●使用萬丹紅豆做的紅豆餅，是在地化的點心代表之一。

古早點心的 007

# 麥仔煎

# 045

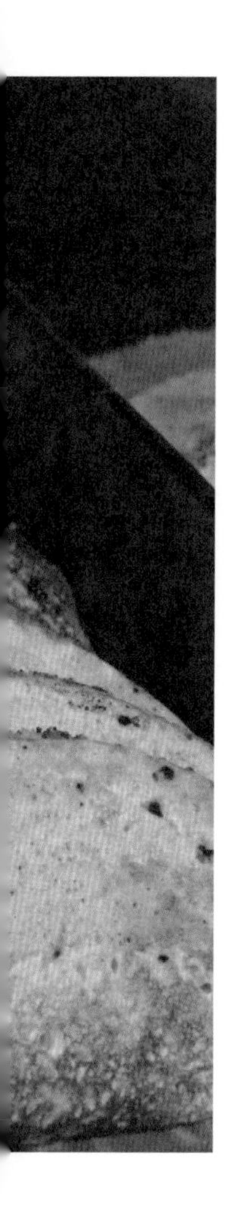

我個人認爲麥仔煎簡直是古早味點心界的007！同一個人在不同地方執行同一件任務，以最不張揚的方式存在著，人家龐德是拯救世界，而「麥仔煎」是滿足大家的味蕾。麵粉煎、麵煎粿、三角餅、麵煎嗲、石頭餅、滿煎糕、麥煎餅、米糕煎、甜煎餅、免煎粿、花生餅、麵煎餅、板煎嗲等，這些是台灣各地對它的稱呼，沒有固定名字。由於煎、粿、嗲、糕發的音相似，很可能是口耳相傳，轉譯成文字時，因腔調不同而產生不同寫法的緣故。就連在國外也有它的蹤跡，香港叫「砂糖夾餅」、馬來西亞叫「曼煎粿」、「大塊麵」、廣東人改稱它爲「煎燶包」，印尼叫「Martabak Manis」或「Kue Terang Bulan（滿月餅）」，這麼多讓人眼花的品名，可以說是名字最複雜的點心了吧。

相傳麥仔煎的由來，源自清朝咸豐年間左宗棠率領清兵前往平定太平軍，爲了使軍隊不騷擾民衆，又可快速吃飽，增強作戰力，於是把包捲大蔥、沾辣椒的「鹹麵餅」，改用糖和花

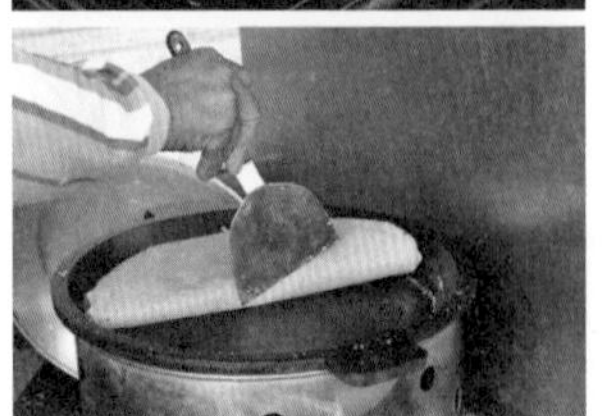

做麥仔煎不能圖快，只能用文火悉心慢煎。

生粉撒在烤過的鬆軟煎餅上，經對摺、切塊後變成甜食的煎糕，不僅士兵攜帶方便，而且容易入口和飽食，爾後就在福建流傳開來，最後成爲當地美味小吃。

做麥仔煎不能圖快，只能用文火慢煎。大圓鐵鍋上的麵糊經加熱後，表面就冒出小氣泡，老闆會舀起砂糖和花生粉或芝麻粉均勻撒在麵糊上。待麵粉和糖混合的特有香氣飄散，餅面上熟到不起泡的狀態，再將餅對摺，立馬分切給在場等待的客人，因爲每片都會呈現三角扇形，難怪有人會稱它「三角餅」。剛起鍋的味道又燙又脆又香，能感受砂糖顆粒在舌間滾動的口感，冷冷吃反而變得更Q彈。

食譜

Cooking at home

# 如果想在家做麥仔煎！

## Ingrdients

食材

【麵糊】
雞蛋 60 克
細砂糖 30 克
沙拉油 25 克
牛奶 125 克
低筋麵粉 125 克
泡打粉 3 克
小蘇打粉 1 克

【花生芝麻餡】
二砂糖 35 克
花生粉 20 克
黑白芝麻 15 克

## Methods

做法

1. 在大碗中打散雞蛋，加入細砂糖，打至糖融化。
2. 倒入沙拉油、牛奶拌勻。
3. 粉類材料過篩後加入，拌至無顆粒爲止。
4. 將二砂糖、花生粉、黑白芝麻拌勻成餡，備用。
5. 熱鍋，倒入做法 3 的麵糊，以小火煎至表面冒泡，撒上做法 4 的花生芝麻餡。
6. 將餅皮對摺成半圓形，續煎至熟後取出，分切成三角形卽可。

特殊酒麴香

# 膨仔粿

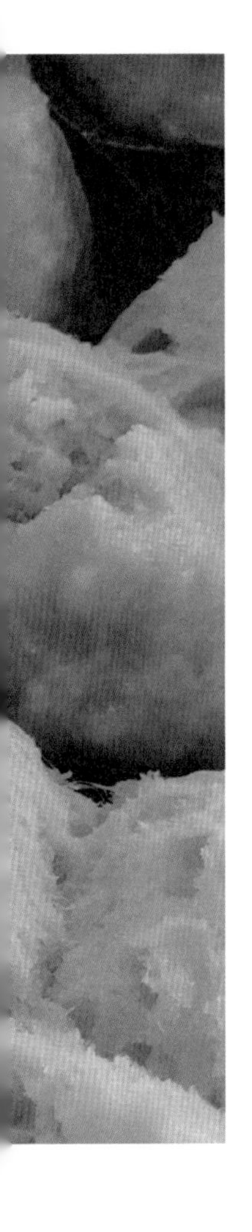

## 口感質地偏向饅頭的「金門膨仔粿」

早年金門的庶民生活可用「吃番薯、配海魚」來形容，因爲土地貧瘠且雨水不足，番薯不僅是大衆的主食，直到現今仍在節慶糕點、特色美食中扮演重要角色！金門的「膨仔粿」就是其中之一，它的形狀像放大版的發糕。與台灣的白發糕不同，它帶有米黃色澤，散發地瓜香，口感上也比較有Q勁，偏向手工饅頭的質地。

在金門，舉凡婚嫁、喪葬、歲時節慶等重要儀式，「膨仔粿」幾乎皆可派上用場，同時也是清明節祭祖用的首選供品。最常見到一般人家裡拿來拜天公和祖先、廟宇譙慶等，最大可做到二十八吋，婚喪常用的尺寸則爲十二至十五斤；若是喜慶用，則會蓋上八卦紅紙；用於喪事禮俗時，則會放置紅圓，再插上手工纏花，禮成後切成片狀，送女方的女眷們回家拜拜用、脫孝用。

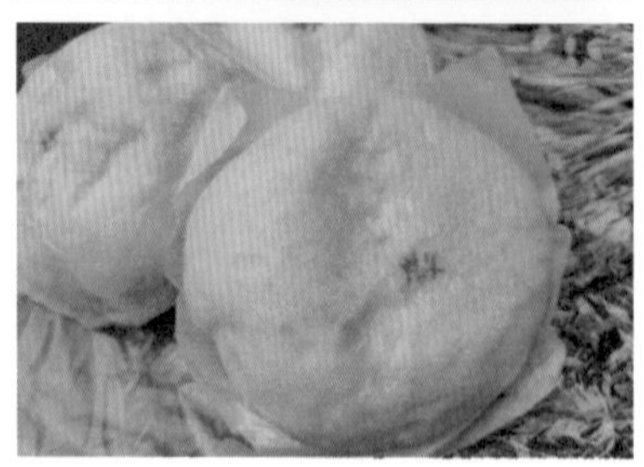

● （上圖）金門市場裡賣的膨仔粿，形狀像放大版的發糕，除了添加地瓜的黃色基本款之外，還有白色和粉色。● （左圖上）把木麻黃種子當成印章，沾上食用色素，在蒸好的膨仔粿上蓋紅花。● （左圖下）金門人們會將剩餘的地瓜麵團，包入以花生搗成細粒加砂糖做成的餡，就是「椪恰龜（榜舍龜）」。椪恰龜本來是閩南糕點，後來也傳入台灣，但各地方用的餡料略有不同，像台南版本的外皮是用糯米。

做膨仔粿的主要材料有麵粉、地瓜、砂糖、糯米粉及適量白殼（白麴）和水。經金門何厝社區的長輩教導，傳統膨仔粿要先從養麵種開始做起，原理跟做麵包的中種法相似。至今金門老一輩的人仍堅守這種傳統方式製作，因此耗時費工，目前只能在白天的市場路邊或少數雜貨攤位上買得到了。從養麵麴開始，然後把地瓜蒸熟搗泥，再與麵粉混拌，若要增加Q度，可用適量米粉取代。揉麵時，如果麵團太乾，就以煮地瓜的水添補，經過發酵成兩倍大後再分割整形。

蒸膨仔粿用的墊葉植物，傳統上是採集黃槿葉，也就是俗稱的「粿葉」。等蒸籠鍋中的水滾後，大約蒸半小時左右，最後以木麻黃的種子爲章，用圓形的樹籽底部，蓋出一朶朶盛開的紅花在粿上，如此才算完成。

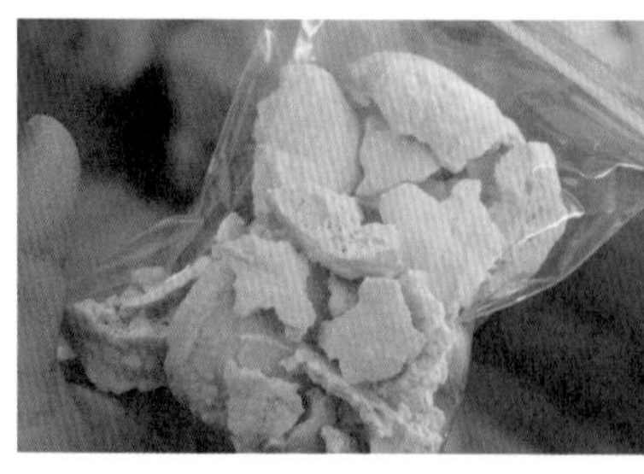

● (左圖)「白殼」是台灣人對小麴的稱呼，斷面爲白色，「殼」則是台語麴的發音。等同天然乾酵母，將其溶在水裡，和著麵粉發酵成麵麴，是製作膨粿很重要的步驟，而溫度和濕度都是成功與否的變因。● (右圖) 吃不完的膨粿可以曬乾，當成餅乾來保存，稱爲「粿乾」。

「白殼」的體積小，所以台灣人把它稱爲小麴；而在中國則有人稱爲酒藥、酒餅、白麴、米麴等名字。小麴的斷面呈現白色，「殼」是台語「麴」的發音，故稱爲「白殼」。想要膨粿蒸出漂亮裂痕，除了大火外，重要的是還要養出好的麵麴(白麴加上麵粉)。早期單純以白殼發酵的金門膨仔粿，發酵速度比較慢，現今已改爲視情況添加酵母粉來輔助，藉此縮短發酵時間。至於使用份量是多少？長輩們都是依經驗法則來操作喔。

沒吃完的膨仔粿怎麼辦？除了可以微煎一下，當成點心外，在物資匱乏、經濟不富裕的年代，人們會切成片狀，放在屋頂上，經過陽光曝曬後成「粿乾」，然後裝入餅乾盒裡保存，嘴饞時當成點心吃，口感酥酥脆脆的，就是物美價廉又方便的古早味洋芋片。

食譜

Cooking at home

# 如果想在家做膨粿！

## Ingrdients

**食材**

地瓜 600 克
中筋麵粉 120+330 克
糯米粉 150 克
酵母粉 6 克
砂糖 75 克
白殼 15 克
冷水 120 毫升
紅色食用色素適量

## Methods

**做法**

1. 用冷水 120 毫升將白殼泡軟，備用。
2. 在大碗中放入泡軟的白殼、中筋麵粉 120 克、酵母粉攪勻靜置，直到冒泡膨脹成麵種。
3. 地瓜去皮，水煮後搗成泥狀，放涼備用，地瓜水留著。
4. 將做法 2 發好的麵種刮入地瓜泥內，加入砂糖、330 克麵粉和糯米粉，拌揉成光滑麵團。
5. 若麵團太乾，可適量添加之前留下的地瓜水。
6. 蓋上濕布，待麵團發酵至兩倍大。
7. 分割成每份 250 克，稍微整型成球狀，在瓷碗底部墊黃槿葉，放入麵團，用剪刀在中間剪出十字。
8. 放入蒸籠，水滾後以中大火蒸約 30 分鐘後取出。
9. 以木麻黃種子沾上適量紅色食用色素，在四個角蓋印即可。

涼水甜湯

# 止嘴乾
# 擱顧胃的涼水

早期的台灣社會沒有冰品，根據連橫在 1920 年出版的《臺灣通史》中寫道：「台灣爲熱帶之地，三十年前無賣冰者，夏時僅啜仙草與愛玉凍。」其中，仙草是從中國傳來，而愛玉是產自台灣，這兩種都可佐上糖水食用。一開始，台灣人把解渴的清涼飲料稱爲「涼水」，因爲當時電器並不發達，「涼」的定義大多是以常溫或浸泡冷水來維持低溫，在炎炎夏日裡，「呷涼」除了爲人們補充水分，也是在田間工作休息時間的點心。隨著日本飲食文化進入台

在台灣，甜湯用料選擇眞的超多，讓人有飽足感的配角是一定要加的，無論是雙拼還是點碗大集合，甚至買回家自己DIY也很方便。

灣，市面上出現了彈珠汽水、阿婆水…這些碳酸飲料讓涼水又有了更多選擇。

大部分可以「止嘴乾擱顧胃」的涼水攤都從路邊攤位起家，聚集於廟口、市集人潮衆多的地方。台語中的「結市」，指的就是同類型商家聚集在特定區域，隨著時間發展成特殊的聚落，是早期台灣社會盛行的商業模式，當時的人們彼此鼓勵互助，一同努力做生意。有的人專賣冷飲，有的人兼賣冰品，甚至活用植物本身清涼退火的特性做飲品，不僅天然健康，也是日新月異的手搖飲品無法完全取代的食療概念，雖然是賣「涼」水，卻是富有溫度的飲食文化。

至於甜湯，在台灣販售的類型眞是五花八門，光是配料樣式和口感呈現就是一門學問，市售加料的種類十分多樣化，身爲台灣人眞的很幸福！甜湯外觀雖不如西式甜點般華麗，但入口卻特別溫潤有味，而且冷熱皆宜，讓人吃在嘴裡、甜在心裡！

台灣特有種

「愛玉」是台灣的特有植物，在人工栽培尚未發達之前，想要採摘野生愛玉，必須深入海拔約一千公尺的山林中，還得具備好眼力和爬樹功力，先在林間找到攀附在樹上的愛玉藤，爬上樹採集果實。愛玉有分公和母的喔～母果圓胖，公果瘦長，需仰賴台灣特有的「愛玉小蜂」授粉，待母果受粉後的愛玉才能使用。經乾燥後的愛玉子含有水溶性膳食纖維，也就是果膠，放進布袋裡，再浸入冷水搓揉，會慢慢凝固成黃澄澄的「愛玉凍」。

## 愛玉爲什麼叫「愛玉」？

愛玉的閩南語叫作「薁蕘（ò-giô）」，名稱由來已不可考。關於愛玉的最早的記載，出現在連橫的《臺灣通史——農業志》裡提到，愛玉產於嘉義山中，有位商人常到嘉義採買山

# 047

曬乾後的愛玉子。

產。有一天，山中天氣很熱，他到溪邊喝水時，看見水面凝結成凍，喝了沁涼舒暢，正當思考著此物從何而來時，發現樹上的掉落物經過搓揉後會凝結，於是帶回家販售；他有個名叫「愛玉」的女兒，常幫忙賣這項甜品，久而久之大家都稱呼這項點心爲「愛玉」。不知何時開始，有了冰塊與檸檬汁的加入，變成了「愛玉冰」、「檸檬愛玉」。不管是叫愛玉還是薁蕘，只在台灣才吃得到，光想到這點就覺得很驕傲。

## 如何分辨眞假愛玉？

愛玉長得實在太像果凍了，要如何分辨眞假？以下分享小訣竅。天然愛玉看起來是濁濁的淡黃色，裡面具有纖維、籽屑等，假愛玉則少有雜質，看起來就像黃色的清澈果凍；眞愛玉的口感軟嫩、Q彈，假愛玉口感則偏脆。除了用外觀及口感來辨識之外，用加熱的方法也能知道眞假。愛玉籽搓洗後會產生果膠，與水結合後形成的愛玉凍極爲耐熱，放入沸水中滾煮半小時以上也不會融化縮小，口感反而更Q彈！甚至可嘗試放入火鍋、雞湯、薑湯、燒仙草等熱湯中一起食

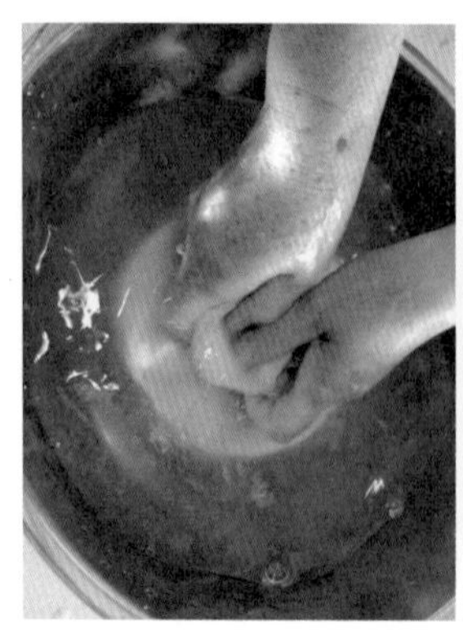

● 將愛玉籽放進布袋，再浸入冷水中搓揉出水溶性膳食纖維。

用；反之，假愛玉遇熱會出水融化，一下就破功了，假也假不了！

## 自製愛玉凍的眉眉角角

想要成功做出愛玉凍，有不少細節要照顧，包含水質、器具、水量等。首先，得使用礦泉水、煮沸的冷開水或含有礦物質的飲用水，如果使用蒸餾水、純水、逆滲透水或熱水，愛玉沒辦法順利成形喔。搓洗用的器皿不能有油脂，雙手也要洗乾淨，因爲油脂會使得果膠與水中礦物質無法結合。

一般來說，一公克的愛玉籽可以兌上五十至八十毫升的水，如此洗出來的愛玉凍彈性比較適中。如果喜歡比較水狀的愛玉凍，水量可增加；反之，則減少水量，口感會比較硬一些。此外，搓洗愛玉籽的時間爲十分鐘左右，要完全浸在水中，力道不宜過大，邊搓揉邊擠出果膠，然後靜置三十分鐘。

● （左圖）愛玉的公母果、授粉狀態。● （右圖）大果藤榕本人。

## 野生果凍——薜荔與大果藤榕

除了愛玉，在台灣還有薜荔與大果藤榕所洗出的「野生果凍」。薜荔的出膠量較少，成凍後色澤較深，多製作成涼粿或冷飲；大果藤榕則多分布在南台灣和離島。同樣都是榕屬，卻散發截然不同的清香氣息，每年七、八月的盛夏，大果藤榕果實會褪去橙黃的耀眼光澤，披上深沉暗紫色外衣，此時就是昭告果子已成熟了。不同於愛玉只搓洗愛玉籽，大果藤榕是整個果實連同籽一起搓揉，果凍帶有野生青草味，與愛玉的風味完全不同喔。

### 大果藤榕果凍製作流程

1. 洗淨大果藤榕表皮後切丁，加入一些水，絞碎成果漿。
2. 準備冷開水，水量為果漿的十倍，以備打碎後搓洗使用。
3. 將做法 1 絞碎的果漿倒入紗布袋，如同洗愛玉般，直到感覺果膠完全被洗出為止。
4. 過濾後，放入冰箱冰鎮成型，即成為「大果藤榕果凍」。

東北角特產

# 石花凍

日本人稱石花菜爲「天草」，在二戰前，日本爲全世界主要的生產國，戰後由於國內的需求量龐大，開始來台收購石花菜。石花菜爲台灣東北海岸重要的藻類，是在地居民的收入來源之一，對北部人來說一定不陌生，一般經萃取後可製成石花凍、羊羹、洋菜或寒天。其實和南部的菜燕屬於同類，都是利用熬煮藻類產生藻膠，放涼後凝結成凍。以前的人吃不起燕窩，就以紅藻或石花菜做成的洋菜（台灣人稱洋菜，日本人通稱寒天）替代，打碎後的口感確實有點像燕窩，所以也有人會將石花凍稱爲「海燕窩」。

如果要仔細分類，海燕窩指的是珊瑚草，如麒麟菜、角叉菜、杉藻及沙菜等海中紅藻，其中又以麒麟菜居多。市售的珊瑚草可做成凍飲及涼拌菜餚，也有像冬瓜糖磚般的海燕窩磚。

# 048

## 需仰賴海女手工採摘，加上自然曝曬

石花菜需仰賴手工採摘進行，也因此發展出特別的海女文化。由於石花菜盛產於東北角地區，只有基隆市、新北市及宜蘭縣沿海一帶的人才有吃石花凍的習慣。在酷熱夏日來一碗石花凍很清涼解暑，加入剉冰取代愛玉凍，還有店家會切塊後加上花生粉調味，成為東北角的特色甜品。

每年五至七月之際，若去一趟北海岸，可在海岸公路旁的商家買到石花凍或乾的石花菜。剛採收的石花菜腥味較重，不能直接食用，如果想做石花凍，首先需用清水搓洗剛採的石花菜，接著放在太陽下曝曬。古法曬石花不求快，需視天氣狀況，反覆七次以上的漂白去腥，直到石花菜由紫紅色慢慢變成象牙色，才算大功告成。將曬好的石花菜入鍋熬煮大約二至三小時，再待其慢慢冷卻，就是好吃的石花凍了。過濾出的石花可以再煮上一次，第二次煮的水只需要原本水量的一半，煮好後加入蜂蜜或黑糖，拌在一起直接做成凍飲，非常方便。

海女採集回來的石花菜，需放在太陽下曝曬，反覆七次以上的漂白去腥，直到石花菜由紫紅色變成象牙色，才能熬煮成石花凍。

500 cc
400
300 cc
200
100

食譜

Cooking at home

# 如果想在家做石花凍！

## Ingrdients

**食材**
石花菜 30 克
水 1500 毫升

## Methods

**做法**

1. 洗淨石花菜，備用。
2. 準備一個大鍋加水，放入石花菜，先用大火煮沸，再轉小火煮約 1 小時。
3. 煮至黏稠狀後過濾掉石花菜，放冰箱冷卻會自然結凍，即可食用。若是用電鍋，於外鍋加 2 杯水，待開關跳起後就可以過濾了。

**Tip ★**

1. 與水調配的建議比例爲石花菜 1：水 30 ～ 60%，可依個人喜好調整水量。
2. 若不愛石花菜的特殊味道，可加 1 小匙白醋同煮。
3. 食用時，可加入糖水、檸檬汁，便是沁涼的石花凍飲。

每家有祖傳秘方

# 青草茶

在台灣民間，人們根據歲月累積而來的生活經驗，在植物應用上形成一套具有保健養生概念的青草茶文化。時至今日，青草偏方的民俗療法依然存在著，也成了日治時期，一般平民喝不起「茶」的替代品之一。

## 「祖傳」煮法和配方各有秘訣

在中國廣東、華南等氣候炎熱的地區也很流行青草茶，隨著移民傳到台灣。只要一種或數種藥草就能熬成一大鍋了，由於冷熱皆宜，在春夏賣冰茶，標榜降火消暑，秋冬則改賣熱茶，宣稱保健養身。可以熬茶的藥草種類將近百種，所以青草茶又有「百草茶」、「涼茶」之稱，看品名就知道療效，也有人喊它苦茶、養肝茶。「祖傳秘方」是青草茶攤子上必出現的廣告詞，每家配方是依經驗或口耳相傳而來，大多無科學實證其功效，而每家茶攤都有自家流傳下來的配方和熬煮方式，坊間有些傳統中藥行也會在門外兼賣青草茶。

「羅氏秋水茶」，是台灣第一支有品牌的青草茶，起源於清朝時期，加入仙草、苦瓜、薄荷、仙楂、茶葉等材料，以開水提煉而成，有助退火解渴。

圖片提供：林汶玲

## 既消暑解渴，也是食療良方

在早期的台灣社會，民眾都會自製青草茶來解渴消暑，一開始是使用新鮮青草熬煮，慢慢演變至今，才變成乾燥的青草。新鮮青草效果較佳，而乾燥青草經熬煮後較香，各有優點。隨著農業社會發展成工商業社會，開始出現專人摘採青草或製成茶汁販售。在冰箱發明之前，煮好的青草茶在室溫下只能保存一天，不能放隔夜，且要儘速飲用完畢，故只能少量熬煮當天的份量，若想再喝，得重新煮一鍋新的。

在過去，民衆習慣向神明求籤治病，由神明開藥單，但早期難取得中藥材，故常以各種青草來取代。爲了供應藥籤上的用藥，青草店就近開在廟旁，因此聚集形成所謂的「青草街（巷）」。青草茶店有時也會協助廟方調配，根據乩童的描述寫下藥帖，委託青草茶店抓出所需的配方。在青草茶的鼎盛時期，青草巷也稱爲「救命巷」，其中最有名便是龍山寺旁的「西昌街」。

在糖還是奢侈品的年代，煮青草茶是不加糖的，隨著飲食習慣改變，加上飲料的流行，通常是熬煮之後，才添加糖。在糖品的選用上，一般會添加砂糖、蜂蜜；若要退火，可加黑糖；給女性飲用，則可添加紅糖，以中和青草茶涼性。有些青草茶會添加具有芳香、揮發性的藥草、香草，例如：薄荷，但必須在青草茶煮好後再放入鍋中，熬煮約五分鐘就得撈起，較能保持其清涼、芳香和消暑的功效。

●（左圖）在早期，神明藥籤上的藥方一般是住家附近的青草店供應。●（右圖）「地骨露」是彰化特有的消暑飲品，取自中藥「地骨皮」，其實是枸杞的根皮，喝起來有降血壓和涼血補氣的功效。

## 吃草冷熱皆宜

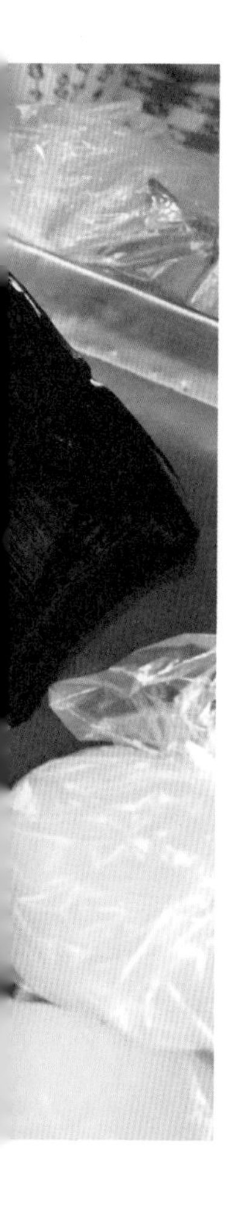

「仙草」一名由來眾說紛紜，傳說是仙人所賜，在中醫有清熱、涼血、利尿功效，故得仙草之名。產地遍及台灣各地，以新竹關西爲大宗，加上鄰近的苗栗銅鑼和獅潭等特別適合仙草生長。在早期的農業社會，炎炎夏日裡若要下田耕種，深褐色的仙草茶是最佳生津解渴的飲料。在清代，台灣種植與食用仙草已相當普遍，《臺灣府志》中記載：「仙草，晒乾可作茶，搗爛絞汁和麵粉煮之，雖三伏亦成凍，和蜜水飲之，能解暑毒。」由於原料取得容易，售價便宜，所以當時也留下與仙草業有關的地名：仙草寮、仙草嶺、仙草埔、仙草崙等。

## 仙草採收後需風乾及曝曬

在台灣，最有名的仙草產地便是新竹關西，產量佔了全台的八成，不過桃園新屋、苗栗銅鑼等地區也有產仙草。關西地區是盆地，山上雲霧繚繞、常有充足水氣，有利於仙草生長，是得天獨厚的絕佳環境。一般於每年三

● 無論冷吃、熱吃、加料吃都讓人喜歡的仙草，苦中帶甘。

月播種，中秋節前後即可採收，採下來的仙草植株需天然風乾，利用新竹最知名的「九降風」加上日光曝曬。

新鮮仙草於採收曬乾後，由於草菁味仍重，需貯放六個月以上，待菁味退去、使其熟成。但通常只會熟成七至八分乾左右，因爲仙草莖蔓長，怕太乾而斷裂，如此也比較容易綑綁收納。由於台灣高溫高濕，故放在倉庫內的一綑綑仙草乾得時常搬到戶外日曬，保持乾燥以防發霉，但這樣的過程也代表需要耗費大量人力管理和倉儲成本。

最常見的仙草吃法有三種：仙草茶、仙草凍、燒仙草，將日曬且熟成過的「仙草乾」拿來熬煮，過濾後就是可以直接飲用的「仙草茶」；如果加少量地瓜粉或寒天，就可做成「仙草凍」，是手搖飲與冰店的基本款配料。如果熬煮時放入澱粉調和，煮至未凝固的柔軟狀態，再搭配八寶餡料，就是冬天很受歡迎的「燒仙草」，可說是冷熱都好吃。

有些人自行買仙草乾回家熬煮後會發現，仙草汁顏色怎麼不如既定印象中是黑色的，反倒偏紅褐色？建議煮三至四小時會比較深，並且加蓋煮、長時間維持溫度，水量和仙草乾的比例爲 30：1；若是做仙草凍，水量可減半，會更好凝結成形。

● 乾燥完全的仙草乾，至少需要陳放兩三年才能使用。

Tip ★

1. 小蘇打爲鹼性物質（碳酸氫鈉），能輔助萃取出仙草膠質，既能縮短熬煮時間、讓仙草汁更濃稠，成形結凍也更容易。
2. 地瓜粉、樹薯粉等不同種類的澱粉，都可以加入仙草汁裡協助凝固，大家可以嘗試使用自己偏好的澱粉類。

滑嫩人人愛

# 豆花

# 051

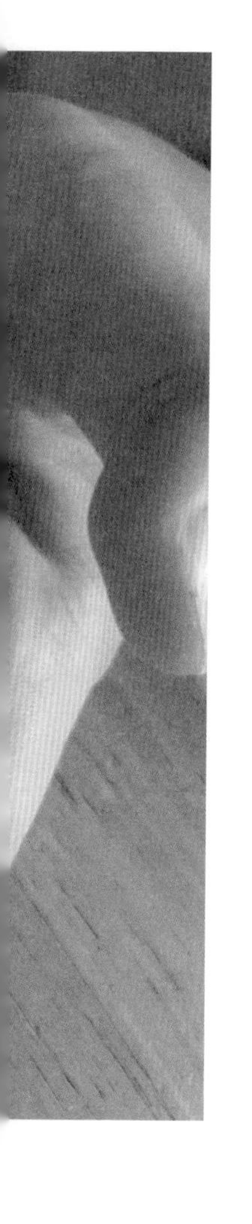

在台灣，幾乎每個縣市都有在地人才知道的「豆花攤」，雖然每家差異可能不大，但都是遊子們難以忘懷的好味道。豆花是四季都吃得到的日常點心，而且冷熱隨君挑選，冬天時還可加薑汁熱熱吃，甚至以豆漿取代糖水來提味。豆花可是有專用工具的喔！豆花鏟的扁平面能刮下片狀的豆花，可以單淋糖水，或是加入豆類、粉圓、芋頭等配料，只用平易近人的銅板價就能取得一碗甜蜜入心。

不少店家會放上「傳統豆花」、「古早味豆花」的招牌，一般製作方式大多是加食用級石膏（熟石膏）、地瓜粉等來輔助豆漿凝固定型；也有人使用鹽滷，成品口感緊實軟綿、帶有細微的鹹苦味。如果是用洋菜粉沖製而成的豆花，口感比較軟嫩細緻，但不耐高溫，只適合冷吃。除了一般豆花，還有用雞蛋、巧克力、鮮奶做成黃白咖的「三色豆花」，也有人稱爲「布丁豆花」，但因爲此種豆花是加入吉利丁幫助凝結，一樣只能吃冰的，不能加熱吃。

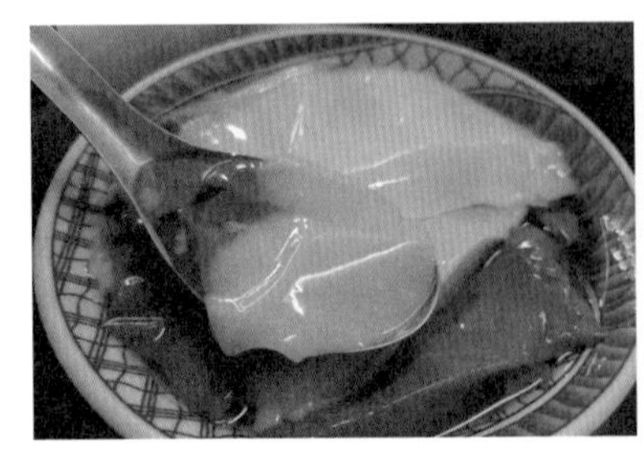
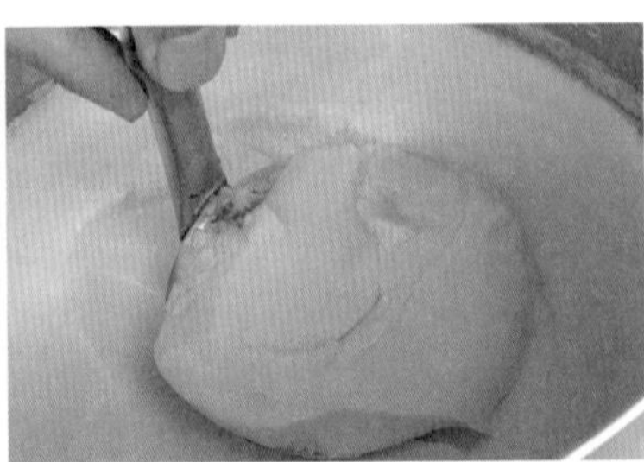

●（左圖）雞蛋豆花、巧克力豆花加上鮮奶豆花組成的「三色豆花」，又稱「布丁豆花」。
●（右圖）舀豆花有專用工具，豆花鏟的扁平面能把豆花漂亮地舀成片狀。

## 想吃古早味豆花，在家也能做

豆花香氣濃不濃、好不好吃，取決於黃豆品種和水量的比例。比較講究的人，不妨從煮一鍋香醇豆漿開始，黃豆和水的黃金比例是 1：10，煮豆漿還有分成「熟漿法」和「生漿法」兩種。熟漿法是帶渣生豆漿加熱煮熟後過濾，香氣較濃；而生漿法是去除豆渣後再加熱煮沸，濾掉豆渣的豆漿加上凝固劑續煮，就是手工豆花了。

但製作過程需要耐性，豆花口感和豆漿濃度、溫度控制有關，如果豆漿濃度太濃，豆花成品的口感偏硬；若濃度太稀，則口感偏軟且香度不足，而煮豆漿的理想溫度爲 85 ～ 90℃左右，讀者可參考下頁食譜，在家試做細緻滑嫩的古早味豆花！

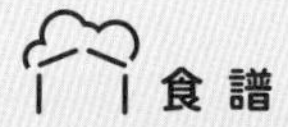
食譜

Cooking at home

# 如果想在家做豆花！

## Ingrdients

**食材**

| | |
|---|---|
| 黃豆 400 克 | 地瓜粉 40 克 |
| 食用級石膏粉 20 克 | 常溫水 4000 毫升 |

## Methods

**做法**

1. 洗淨黃豆後瀝乾，加入常溫水淹過黃豆，浸泡至手指可以捏破的程度即可。
2. 取出浸泡好的黃豆，加入 4000 毫升的水研磨，再煮成豆漿。
3. 將煮好的豆漿與豆渣一起倒入濾巾，將豆渣濾掉，冷卻備用。
4. 準備另一個鍋子，取 300 毫升豆漿與食用級石膏粉、地瓜粉混合成粉漿，備用。
5. 將剩下的豆漿加熱至 85℃後，一口氣倒入置有粉漿的鍋內，靜置 5 ～ 10 分鐘。
6. 用湯匙將頂部的泡泡刮除，靜置冷卻後即可冷藏保存，三天內食用完畢。

**Tip ★**

1. 浸泡黃豆時，要避免泡到出現酸味。
2. 生豆中含有影響人體消化的皂素，因此豆漿一定要煮熟。煮豆漿的溫度爲 85 ～ 90℃，溫度太高或太低都不易成型。
3. 使用凝固劑時，建議先用少量的水泡開，再沖入豆漿，如此才能凝結得完整又漂亮。亦可參考市售豆花粉包裝上的說明操作。

油脂甜香迷人

花生仁湯

# 052

花生仁湯又稱爲「土豆仁湯」，在1912年，台灣總督府通譯林久三寫了一本介紹台灣菜的日文食譜《臺灣料理之栞》，收錄許多關於宴席料理的詳細資料，其中也有記載著土豆仁湯。以花生仁和砂糖爲主食材，花費數小時以上熬煮，滾到極軟糜爛，天然的花生油脂與湯汁隨著時間混溶爲一體，入口一抿卽化，卽便食材如此簡單，卻有著濃濃的古早味。

花生的本名叫做「落花生」，由於「上開花，下結果」之生長習性，開花授精後子房柄向下伸長入土而後結果，故又稱爲「土豆」。盛夏時期的產量較少，但因爲耐貯存的特性，一整年都能購買到乾貨。顆粒大者爲食用品種，顆粒小則是榨油用的「油豆」。

煮花生仁湯時，最害怕久煮不爛，想煮出鬆軟而不爛的口感，需先泡過鹽水、冷凍後再煮，是許多人公認的祕訣。

## 不只喝湯，加料也各有講究

品嚐花生仁湯時，有些人非常講究加料的儀式感，是飲食樂趣之一。有人加牛奶，也有人搭配點心，如油條、椪餅、燒餅、湯圓等，一邊咀嚼，一邊享受著麵團或米糰吸飽滿滿湯汁的感受。其中，椪餅很特別，至今仍有店家在賣這種美味組合，老饕們最愛椪餅泡在熱湯裡糊糊爛爛的模樣，故稱它為甜版的「酥皮濃湯」！ 聽說在北部客家地區有更特別的吃法，是使用「甜」花生罐頭做成「甜花生豬腳湯」，顛覆了我對花生湯的想像。

在台灣，雲林北港是花生的知名產地，顆粒飽滿漂亮。

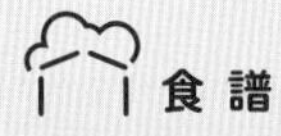

食譜

Cooking at home

# 如果想在家做花生仁湯！

## Ingrdients

**食材**

花生仁 600 克
鹽 1 大匙
水 1800 毫升
白砂糖 120 克

## Methods

**做法**

1. 洗淨花生仁，放入大碗後加鹽，倒水蓋過花生，浸泡 1 小時後撈起去膜。
2. 讓花生仁與 1800 毫升的水一起冷凍一晚。
3. 要煮之前先放入鍋中退冰，煮滾後轉小火，加蓋燜煮 40 ～ 50 分鐘。
4. 加白砂糖調味（甜度可調整），再次煮滾 10 分鐘即可。

Tip ★ 煮甜湯前，花生需先泡過鹽水、冷凍後再煮，口感會較入口即化。

國宴也有它

# 杏仁茶

# 053

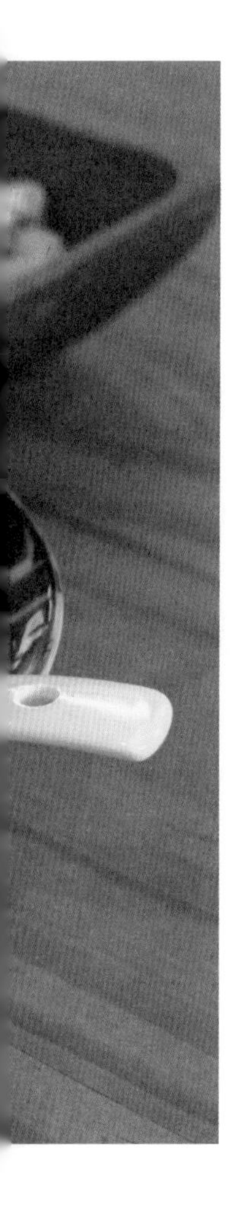

杏仁茶是杏仁煮的茶嗎?當然不是啊!杏仁茶之所以叫「茶」，而不叫湯或羹，是因爲喝的時候不用湯匙，如同「飲茶」而得名。香港人認爲杏仁茶的質地比奶濃，習慣稱爲杏仁霜(杏霜)，以粉狀沖調居多。

早在清朝，杏仁茶的製作已有雛形，原爲宮廷御飲，當時的作法僅用杏仁做漿。在沒有果汁機、食物調理機的年代，想煮一碗杏仁茶相當費事費工。到了乾隆時期，開始加入米粉，後來傳入民間，成爲早餐常見的飲品。在早期的台灣，賣杏仁茶的小販皆是以三輪車載著火爐以及鍋盆沿街叫賣。

加了蛋黃的杏仁茶配上一根油條，油條吸足了汁液入口，其半酥軟的狀態，熱熱的白色乳汁從孔隙中溢出，身心皆滿足啊！不知是誰想到要把杏仁茶和油條湊在一起，這兩種食物的口感和味道竟如此絕對，無論是早餐或宵夜場都少不它，甚至還被列入總統的國宴菜單裡。

● 喝杏仁茶時，若加入一顆生土雞蛋攪拌，杏仁茶會變得更濃稠。

（圖左）北杏外型圓潤、較小，香氣強，不可生食，大多拿來當成中藥材使用，亦稱苦杏仁；（圖右）南杏外型扁長、較大，一般當成食材，添加在烘焙、甜品中，稱爲甜杏仁。

## 南北杏的味道和藥用功效不同

杏仁的種類很多，南杏與北杏雖然都屬於杏仁，卻有很大差別，其味道與藥用功效不同。南杏是一般大衆熟知的杏仁，又叫「甜杏仁」；而北杏主要當成藥材使用，又稱「苦杏」，帶有一些毒性，不能直接生吃，但它的香氣十分濃厚。用來做杏仁茶的通常是南杏（甜杏仁），傳統做法是先將南杏脫膜，再與生米一起泡水，有些店家也會將南、北杏互相搭配，各取其香氣與味道的優勢，然後加水研磨成漿，過濾取汁再煮至沸騰，稠滑香濃的杏仁茶就大功告成啦。

早期的人們喝杏仁茶的記憶，是濃稠的漿汁入喉還能感受到微微黏性，後來在夜市常見的杏仁茶攤，往往一口就能呼嚕入喉，還沒感受到它的存在就已下肚了。沿街叫賣的杏仁茶販已看不到了，速溶的杏仁茶粉也簡化了煮杏仁茶的程序，總覺得好像少了點什麼呢！

Cooking at home

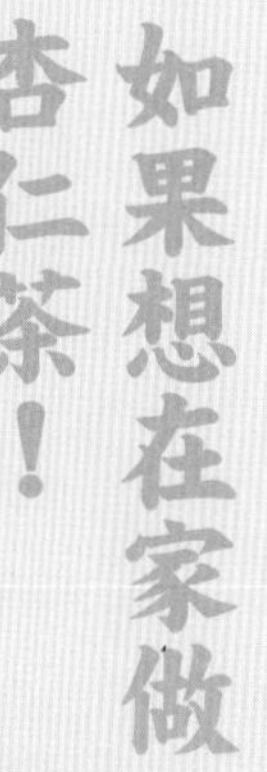


## Ingrdients

**食材**

南杏 100 克
北杏 50 克
蓬萊米 60 克
冷水 1000+1300 毫升
冰糖 65 克

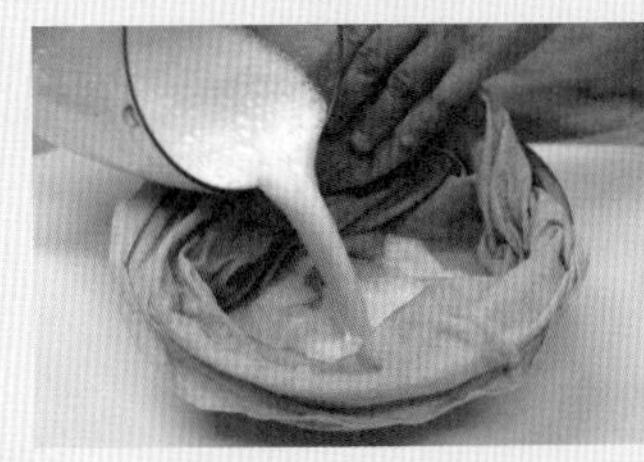

## Methods

**做法**

1. 將南北杏沖洗並濾乾，放入烤箱，以 200℃烤 15 分鐘後取出冷卻，備用。
2. 洗淨蓬萊米，以水浸泡 2 小時，濾乾備用。
3. 將南北杏與蓬萊米加水 1000 毫升，用果汁機打成漿。
4. 用豆漿袋過濾後，倒入深鍋中，再倒水 1300 毫升，攪拌均勻。
5. 以大火煮沸後轉小火再煮 20 分鐘，加入冰糖煮至濃稠狀後關火。

**Tip ★**

1. 在中藥房皆可買到南杏及北杏。
2. 建議杏仁先炒或烤焙過，味道更香。
3. 煮杏仁茶需不時攪拌，防止焦底。

南北做法不同

# 杏仁豆腐

杏仁豆腐雖有豆腐兩字，但食材無豆腐，通常是用杏仁漿加上吉利丁、洋菜、石花菜等凝固劑，煮製後冷卻成固體，外觀近似豆腐，因而得名；依據不同凝固劑的特性，煮製時間和工序也隨之不太一樣。早期杏仁豆腐的吃法是，切塊後加上水果粒、蜜漬豆類搭配，淋上糖水後食用，加料後的多彩外型引人食慾。在百年前，杏仁豆腐是中國的宮廷點心，後來流傳日本、香港、台灣，至今在婚慶宴席上有時仍能看到這道點心，也是許多台菜餐廳裡的招牌甜點之一。

有些店家會稱杏仁豆腐爲「杏仁露」，我曾詢問店家爲什麼如此稱呼，他們只回應老人家創業時就是這麼叫，故也問不

# 054

● 市面上販售的杏仁豆腐，也有用鮮奶加杏仁露（或杏仁精）爲原料，省略了費時的磨漿煮漿程序，是最簡便快速的方式。

出所以然。在製作與食用習慣上，北部與南部有所不同，北部是要吃時再加上糖水；南部則是在製作過程中就加糖調味。

台菜師傅做杏仁豆腐，無論配方或做法都與民衆在家製作的方式有很大差異。有些師傅會同時使用南北杏，調製成合適的比例，有些人則會添加花生，以增加香氣層次。無論是哪種「撇步」，老師傅們做杏仁豆腐講究軟Q有彈性，會特別強調手工攪打的過程和技巧，通常得花費半小時至四十分鐘才能成就獨特口感。

● 以吉利丁、洋菜、石花菜等當成杏仁豆腐的凝固劑，口感各有不同；而定型用的容器，直接用碗會比較方便零售與計量。

Cooking at home

# 如果想在家做杏仁豆腐！

## Ingrdients

**食材**

南杏 40 克
北杏 20 克
洋菜條 4 克
什錦水果 適量
冷水 350 毫升
牛奶 250 毫升
冰糖 40 克

## Methods

**做法**

1. 用水浸泡南北杏 4 小時，洋菜條泡水，備用。
2. 將泡好的南北杏放入調理機，加冷水打成杏仁漿後過濾。
3. 把杏仁漿倒入鍋中，開中大火煮至沸騰。
4. 煮滾後轉小火，加入洋菜條、冰糖熬煮至完全溶解，即可關火。
5. 倒入牛奶拌勻，再次過濾至模具中。
6. 待冷卻後，放入冰箱冷藏 1 小時，等待定型。
7. 定型後取出，切成喜歡的大小，再加水果丁即可。

好喝又食療

# 楊桃湯

# 055

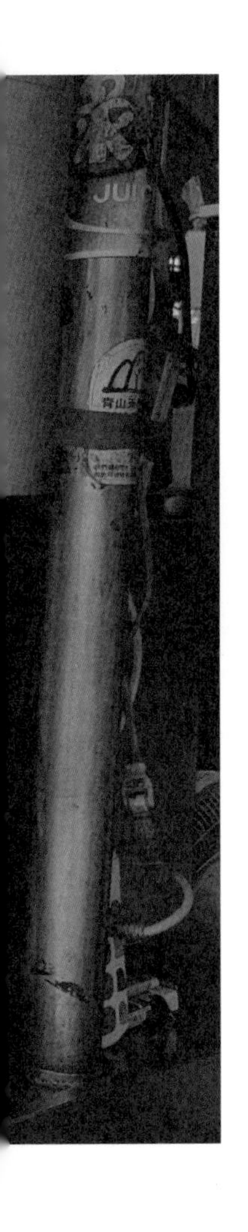

在我小時候，手搖飲料店並沒有像現在那麼競爭與蓬勃發展，楊桃湯店還隨處可見。圓柱狀的玻璃罐裡擺放各式鹹酸甜，這種飲料店廣義都被稱爲「楊桃湯」，但內容物不是珍珠和椰果配料，而是多達十餘種蜜餞讓顧客挑選，還可以客製化自由組合，調出自己喜愛的口味。吸一口楊桃湯、嚐一口果肉、咬一口碎冰，酸甜滋味著實令人滿足。

光是楊桃，就能變出不同花樣，不僅與鳳梨、李鹹、梅子並列四果冰的基本班底之一；注重養生的人，還可以選擇蜂蜜浸過的蜜楊桃來保養喉嚨和氣管。每當有感冒、乾咳、喉痛時，更是一味良藥。

楊桃並非本地原生種植物，是由馬來西亞傳入台灣，依本草綱目中對楊桃的記載：「以蜜漬之，甘酢而美。」可見古人早已懂得用蜜漬來食用楊桃。一般製作楊桃汁所使用的品種爲台灣原生種——酸楊桃，就是俗稱的「土

● 各式鹹酸甜蜜餞，是古早楊桃湯店面的標配。

種」，味道酸澀，就連鳥兒或昆蟲都不喜歡食用，但這個品種具有香氣，此優勢反而適合拿來製作楊桃汁。

## 層層鹽漬，讓原汁產出

傳統醃漬的方法是將楊桃削皮後切片放入桶中，撒上一層粗鹽、放一層楊桃片，鹽的總重量爲楊桃總重量的 6 ～ 8% 左右，然後擺上重物，隨著時間慢慢醃漬。在鹽漬過程中，受到鹽分與酵母菌的作用，會慢慢產生獨特風味，一般鹽漬數個月不等，主要依果實成熟度和各家業者的製法而有所不同，如此初步的楊桃原汁就完成了。但原汁不是最完美狀

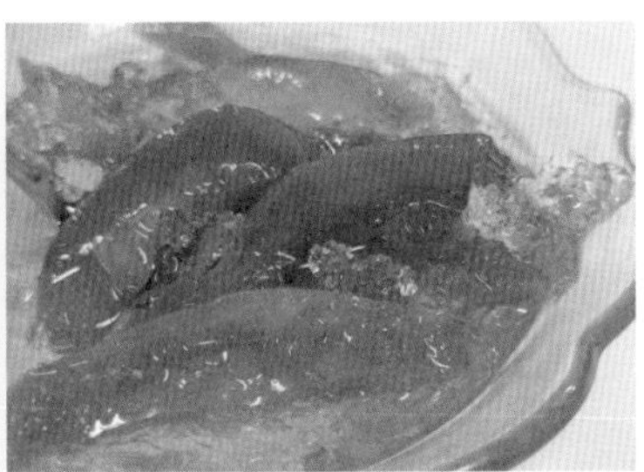

通常楊桃湯裡吃得到大塊楊桃，還會佐蜜餞一起吃。

態，得取出退去多餘鹽分，加糖後再次醃漬，藉此將多餘的酸鹹味釋出，讓整體味道重新獲得平衡。有些店家會加入中藥粉末調和，讓楊桃湯味道的層次感更豐富，這也是爲什麼每家風味不同的原因，獨門秘訣就在於此。

能把楊桃汁變成罐裝飲料販售的，一定要提到創立於1979年從路邊攤起家的「黑面蔡」，四五六年級生對它應該都有記憶，全盛時期在全台有六千多攤之多。面對競爭激烈的飲料市場，採杯裝外帶的楊桃湯老攤子也不少，爲了維持傳統又兼具創新，開發一些新喝法，如楊桃汁加汽水，酸甜滋味又帶點汽泡，宛如楊桃汁風味的香檳。甚至以酸楊桃汁爲基底搭配各式水果、果汁或茶，做成各式特調飲品，爲迎合大衆口味的多變及喜好。

白河在地飲品

# 蓮藕茶

蓮藕品種可分成「菜藕」和「粉藕」，菜藕適合涼拌、燉湯，粉藕的澱粉含量高，而且直接煮食的風味不如菜藕，因此常加工製成蓮藕粉。台南白河是全台最知名的藕粉產區，在白河詔豐、蓮潭等地，以及鄰近白河的後壁區，都有機會看到蓮藕田。蓮藕的採收需要大量人工、成本高，得以山貓先鬆土，再用鋤頭小心挖出蓮藕、分級。接著把握時間立即清洗、絞碎、洗粉等，直到刨粉、曬粉，通常耗時四至五天左右，十至十二斤的鮮藕僅能產出一斤蓮藕粉，量少而珍貴。

在烈日下辛苦採收的藕農們。

## 藕農媽媽惜食的心——把蓮藕曬乾做茶

洗不出粉的「地下莖」不是蓮藕儲存養分的主要部位，故在農民眼中比較缺乏經濟價值，因此從田裡挖出後，大多數都會丟棄。每到蓮藕採收季，農家婦女們就到田間撿集，將其切片曬乾，就能拿來煮清涼退火的「蓮藕茶」了。而在曝曬的過程中，不可接觸到露水和雨水，否則會變黑，品質就大打折扣了。當然，使用新鮮蓮藕直接煮成茶也可以，只是曬乾後的蓮藕乾可以延長保存期限，隨取隨用比較方便。

取曬好的蓮藕乾加適量水煮滾後以小火慢熬，直到顏色呈現紅褐色，蓮藕香味四溢，即可瀝去殘渣，再依自己喜好加入適量冰糖，就是招待客人的上等茶飲，堪稱是白河在地的「咖啡」。雖然蓮藕粉也能做成蓮藕茶，但工序複雜，單價也較高，棄之可惜的蓮藕乾自然成爲藕農轉化在地經濟的惜食代表。

白河在地的「咖啡」，退火又清熱。

古早的運動飲料

# 番薯粉黑糖水

# 057

番薯粉黑糖水是以前人們的消暑撇步，以番薯粉、黑糖加水沖泡的飲料，起源已不可考，卻是早年社會非常普及的退火方法。老一輩的人認爲，黑糖有清肺、清肝、促進新陳代謝的效果，番薯粉則可幫助體內暑氣排出，減低農務時突然中暑的狀況，是早年農民們渡過熾熱天氣的消暑秘方。

## 又稱爲鹽工茶的由來

番薯粉黑糖水的做法是：用兩茶匙黑糖加上一大匙地瓜粉，以一碗冷開水沖開、攪拌，有時甚至會加些鹽，其功效有點類似運動飲料的概念，可以爲身體快速補充電解質、水分與熱量，消解暑熱。很適合需要高度勞動力、或整日曝曬在太陽底下工作的鹽工飲用，故又有「鹽工茶」之稱。有時還會將地瓜粉做成粉條、與黑糖冰水製成「鹽工麵」，當作補充體力的消暑點心。但要注意的是，一定要用純正地瓜粉加上黑糖才可以！若用紅糖、白糖、冰糖等其他糖品，就沒有效果了。

# 紅豆湯

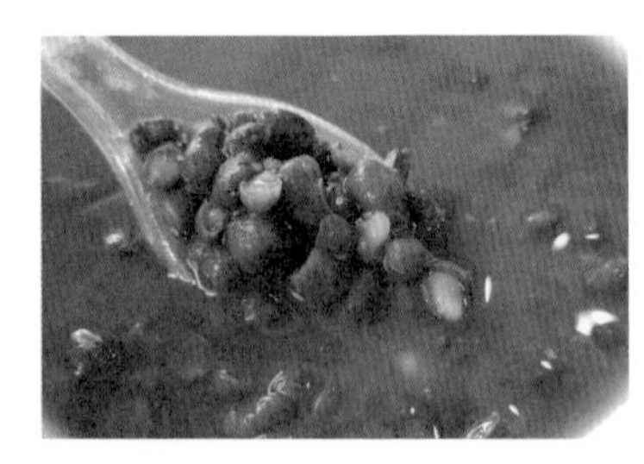

紅豆餅、紅豆麵包、紅豆麻糬、羊羹，這些都是現在很常見的街頭美食，但在日治時期，可是權貴階級才吃得起的高級甜點，所以現在能吃到各式紅豆製品的我們都是「權貴」啊！台灣早期所使用的「紅豆」，是指暗粉紅色的「大紅豆」，即是花豆、花麗豆，粉粉甜甜的質地，沙沙綿綿的口感，是做糕餅餡料或夏天剉冰的最佳配料之一。

日本人自古以來就喜歡食用紅豆，在大小喜慶的日子裡經常出現，會煮紅豆飯（赤飯）來吃，在正月十五日也有喝紅豆粥的習慣。日治時期，日本人將食用紅豆的習慣和種植技術帶入台灣，當時農家雖以番薯爲主食，但後來有時會以紅豆或綠豆混合米一起食用，紅豆就此慢慢進入台灣人的飲食生活。

## 煮出鬆軟紅豆湯的小技巧

紅豆富含鐵質，經常食用可擁有好氣色，在冬天喝一碗暖呼呼的紅豆湯，甜蜜的滋味及綿密的口感，超有幸福感！想煮出好喝的紅豆湯，選用新鮮的豆子是先決條件，越新鮮的紅豆含水量越高，也越容易煮熟，需挑選顆粒飽滿的，煮後口感才會綿密鬆軟。存放較久的豆子口感會比較差，有的甚至煮不爛，挑選時得留意。紅豆洗淨後，可和泡紅豆的水同煮，能讓紅豆味道更濃郁，湯汁顏色也更漂亮。浸泡紅豆時，只要體積膨脹至兩至三倍即可，千萬別泡過頭，紅豆風味會變差。

煮紅豆湯時，要加什麼糖才對味呢？端看你想要呈現什麼樣的風味，若是想品嚐乾淨的紅豆原味，首選白砂糖了；而二砂糖則能突顯甜味，更多了股蔗香；而黑糖或紅糖是養生路線，尤其適合女性滋補；冰糖則是集各家之大成，滋養和風味都很好。若吃豆子會脹氣的人，建議煮紅豆湯時加少許陳皮，除了增香還可化解脹氣。再分享一個私房絕招，若想突顯甜味或怕吃太甜，可嘗試加點鹽昆布或海鹽，煮出來的紅豆湯美味更勝一籌！

● （左圖）台灣產的紅豆品質佳，色澤和顆粒都漂亮。● （右圖）外表裹著細細糖粉的小紅豆是許多人的童年回憶，只加糖、蜂蜜、麥芽製作而成，口感香甜鬆軟。

食譜

Cooking at home

# 如果想在家做紅豆湯！

## Ingrdients

**食材**

紅豆 200 克
二砂糖 150 克
水 3000 毫升
鹽少許

## Methods

**做法**

1. 洗淨紅豆，加水浸泡 1 ～ 2 小時（視紅豆新舊而定）。
2. 過濾紅豆，紅豆水留存，備用。
3. 煮一鍋沸水，將紅豆快速川燙 30 秒，以去除澀味，撈出瀝乾。
4. 在鍋中加入做法 2 泡紅豆的水，與紅豆一同煮滾，轉小火續煮 90 分鐘，然後加蓋，以小火燜煮 30 分鐘。
5. 最後加入二砂糖和少許鹽拌勻，待再次煮沸即可。

# 綠豆湯

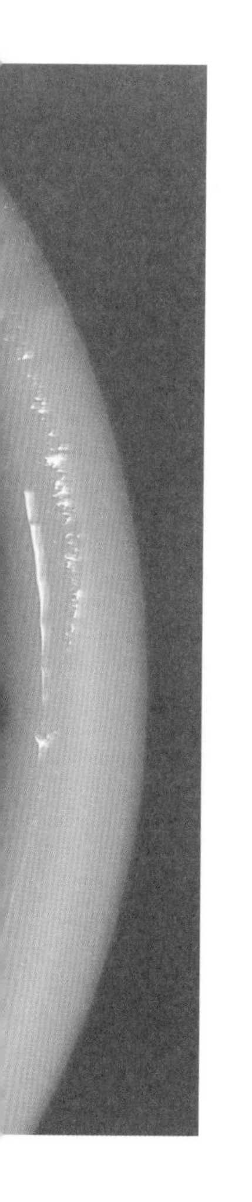

日治時期的台灣就有種植綠豆的記錄，在市面上販售的分爲「油綠豆」與「毛綠豆」兩種。油綠豆以進口爲主，皮殼厚而亮，多拿來生產豆芽菜、製作冬粉絲及豆餡等。毛綠豆又稱「粉綠豆」，爲台灣主要種植的品種，其種皮薄無光澤，表面有著淡淡白粉是正常的。最受歡迎的粉綠豆品種是「台南 5 號」，有易煮易爛之特色，拿來做成綠豆湯非常鬆綿香甜，也可發芽當芽菜使用。不論是有毛還是油的，營養價值其實是差不多的喔。

## 不同國家的綠豆湯，各有特色

距今四百多年前，綠豆湯一度被當作治療瘟疫的藥方，而且要加糖才有用，可見綠豆湯清熱解毒的食補之效在古代早有驗證。流傳至今，還延伸出「綠豆加薏仁（嘉義人）」這個冷笑話。在東南亞的印尼、緬甸等國家，食用綠豆大多以椰奶佐味，而香港、廣東人則偏愛濃稠綠豆湯，多是熱食，甚至會加入海帶煮。

而在台灣，專賣綠豆湯的攤位上會出現不同名字，任君挑選。甜湯裡有綠豆顆粒的稱「綠豆湯」，常與薏仁一起煮，有的還會加入粉角增加口感。去掉顆粒，純喝湯水的叫「綠豆汁」，在南部某些地區會以「綠豆露」來稱呼。綠豆湯除了當成甜湯和飲品，加米則可煮滾成粥當正餐，而鹿港人的專屬吃法，是將煮熟的麵疙瘩加入綠豆甜湯裡。此外，也可加冰塊與牛奶攪成冰沙、或直接凍成冰棒，可算是吃法超多變的豆類食材。

綠豆湯的煮法相當多樣，最終差異性可分爲「粒粒分明」及皮肉分家的「綠豆沙」，各有其擁護者。其煮法概略如下。但不管是哪種煮法，糖一定要最後才加，否則綠豆容易煮不爛，口感會偏硬。冬季煲湯時，可以適時加點綠豆、蓮藕、排骨一起煲也很對味喔～

● 毛綠豆又稱「粉綠豆」，爲台灣主要種植的品種，其種皮薄無光澤、表面會粉粉白白的。油綠豆以進口爲主，多拿來加工使用。

● 用電鍋煮綠豆湯也很方便，但建議一定要燜才會鬆軟開花，豆子的量和水量則看個人喜好的綠豆湯形式來調整。冰綠豆湯加入 QQ 粉角吃，是讓人很滿足的夏日點心。

## 綠豆湯不同煮法比一比

| 煮法 | 步驟 | 優點 |
|---|---|---|
| 分段式煮法 | 滾兩分鐘＋燜三十分鐘重覆兩次後，再煮滾兩分鐘後熄火，加糖，燜至放涼卻爲止 | 粒粒分明，嚼起來有口感 |
| 先蒸後煮法 | 泡好的綠豆放入電鍋蒸熟，就像煮飯一樣。再將蒸熟的綠豆，倒入糖水中煮開 | 口感柔軟綿密，湯汁清澈且豆沙少 |
| 先凍再煮法 | 洗淨綠豆，瀝乾水分後，放入冰箱冷凍，煮之前不用退冰，直接入鍋 | 可縮短烹煮時間，綠豆口感鬆綿、湯色不混濁 |

# 綠豆蒜

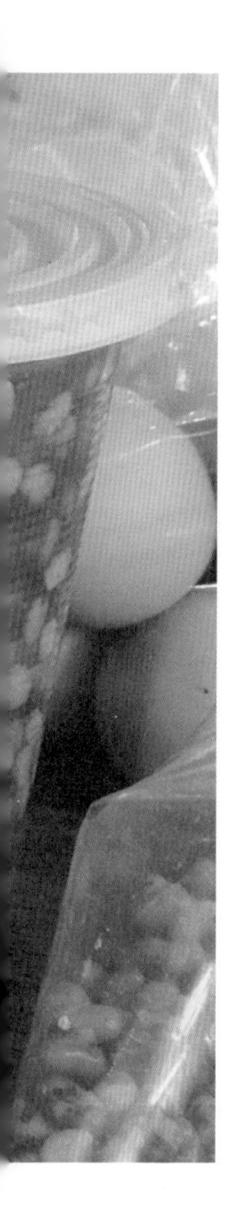

「綠豆蒜」究竟是蒜頭？還是綠豆湯加上蒜？在屏東車城、恆春，是整年都能吃得到的冷熱皆宜的甜品。「綠豆蒜」並不是蒜頭，而是用綠豆脫殼後的「綠豆仁」經炊蒸後糖煮，由於外觀很像碎碎的蒜末，故名「綠豆蒜」，也有人稱爲綠豆算、綠豆饌、綠豆鑽、綠豆饡（音同贊）。

## 喜宴時的收尾甜湯

綠豆蒜最早起源於屏東，由於當地人們務農非常需要體力，甜甜的綠豆蒜就是正餐以外的點心選擇之一，因爲澱粉和糖分能快速補充身體能量。在屏東的東港，綠豆蒜是傳統喜宴的收尾甜品，爲了祝福新人在辦完喜宴後能算（收）很多紅包的意思。爲什麼不直接喝綠豆湯，一定要把綠豆的衣服全脫掉呢？其實綠豆眞正性寒的部分是「綠豆皮」，綠豆本身沒那麼寒涼，爲怕人們冬天喝有皮的綠豆湯會太涼，才想到去掉綠豆皮的寒性，只用綠豆仁做成甜湯，眞的是前人煮「蒜」、後人乘涼啊！

煮綠豆蒜，一定得加入桂圓煮才香。

## 想做綠豆蒜，要看「蒸」功夫

別小看綠豆蒜，煮法好像很簡單，其實不然，光是蒸綠豆仁的火候控制，就會影響整鍋口感。煮過的綠豆仁要看似完整，但在口中輕咬時，又像豆沙般綿綿化開，你說是不是很難！？搭配綠豆蒜的常見吃法是加甜湯，熬一鍋適合綠豆蒜的糖水也有訣竅，必須先以乾的炒鍋炒出糖香，再加水慢煮，煮好的糖汁要甜而不膩、焦香而不苦，這就是小秘訣。接著加入龍眼乾煮至膨潤，留意不能煮爛喔，再倒入蒸熟的綠豆仁，滾開後勾芡，讓綠豆蒜均勻漂浮分布但不會沉底，最後糖香、龍眼乾香氣和綠豆仁在口中交織，才能稱爲道地的「綠豆蒜」，看似簡單的一道甜湯，其實製作大有學問。

●（上圖）想不到綠豆蒜跟白糖也很搭，在屏東潮州嚐到的白綠豆蒜，清爽又有豆香。●（下圖）綠豆仁也能包成粽子吃，傳統北越粽外觀是方形，裡面除了糯米、豬肉外，也會加入綠豆仁。

食譜

Cooking at home

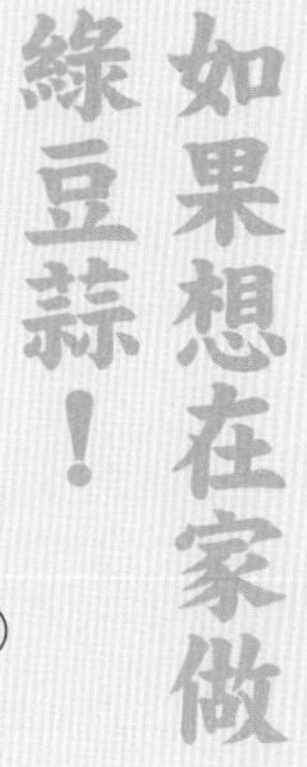


## Ingrdients

**食材**

- 綠豆仁 200 克
- 二砂糖 60 克
- 黑糖 30 克
- 熱水 1500 毫升
- 桂圓肉 60 克
- 太白粉水（粉 1 大匙 + 水 30 毫升）
- 鹽 1/4 小匙
- 米酒適量

## Methods

**做法**

1. 洗淨綠豆仁，泡水 1 小時後濾掉水分，外鍋 2 杯水，用電鍋蒸熟。
2. 將黑糖、二砂糖倒入乾鍋中，不斷拌炒至香氣溢出。
3. 倒入熱水續煮，適度攪拌到糖均勻溶於水中。
4. 放入桂圓肉，煮滾後，分次加入太白粉水勾芡，一邊攪拌。
5. 倒入蒸熟的綠豆仁混合均勻，加入米酒、鹽，煮開後即可。

**Tip ★**

1. 建議綠豆仁要用蒸的，外觀才會完整。
2. 若混用不同種糖，甜湯的風味將更有層次。
3. 如果懶得炒糖，可直接用冬瓜糖水取代。

孩子們的最愛

# 彈珠汽水

# 061

汽水，顧名思義是有氣體的水，但一開始汽水的發明不是爲了止渴，而是健胃整腸之用！對比於喝汽水與不健康劃上等號的現在，眞有極大落差。也因爲有「保健」的效果，所以在歐洲國家也開始流行人工碳酸水，並且有了「蘇打水」的稱號。

1876 年日本開始生產彈珠汽水，因爲當時有加檸檬汁調味，日本人以英語 Lemonade 諧音的「ラムネ」（檸檬糖水）命名，漢字常寫作荷蘭水、荷蘭西水、和蘭水、佛蘭西水。隨著被日本殖民統治，碳酸飲料與彈珠汽水也傳入台灣，時至今日仍可看到彈珠汽水瓶身上寫著「ラムネ」的字樣。

蘇澳冷泉因含有大量二氧化碳，生物無法在泉水中生存，使得早期蘇澳先民以爲泉水有毒，而不敢親近。直到日治時期，日本軍人竹中信景軍旅至此，發現冷泉不但沒有毒性、而且對皮膚·胃腸等疾病有治療功效，便開始對

在早期，彈珠汽水瓶身有著「ラムネ」的日文字樣。

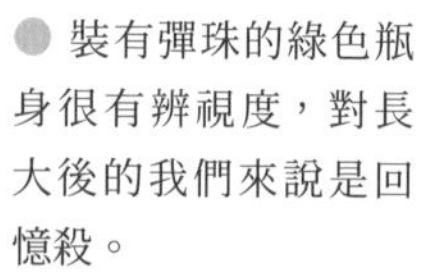

裝有彈珠的綠色瓶身很有辨視度，對長大後的我們來說是回憶殺。

冷泉進行研究與開發，並將泉水視爲製作彈珠汽水最佳的天然原料，開設台灣第一家汽水廠——七星涼（汽）水廠。利用蘇澳冷泉本身含有的碳酸，加上糖與香料，以日語音譯命名爲「那姆內」的蘇澳冷泉汽水，就此聞名。

## 彈珠汽水的瓶身及彈珠之謎

台灣光復初期，只有彈珠汽水和阿婆水稱得上是飲料，尤其是裝有彈珠的特色瓶身，擄獲許多小孩的心。戰後，汽水這類飲料大多出現在喜慶筵席上，直到 1970 年國民所得漸增，才成爲大衆買得起的日常飲品。彈珠汽水最原始的外觀，並不是現在市面上看到的模樣，當時僅以一般玻璃瓶加軟木塞封口來防止瓶內氣泡消散。經過不斷改良，才發明適合保存氣泡飲料的球型環塞瓶（又稱科德氏頸瓶）。那時汽水廠用來裝彈珠汽水的瓶身都由日本進口，台灣沒有製造技術，後來才有台玻生產玻璃瓶來盛裝。

不管玻璃瓶身造型如何變化，永遠不變的是瓶內的玻璃珠。如果缺了這顆玻璃珠，就不是彈珠汽水了！但最初在汽水瓶裡放的並不是玻璃彈珠，而是一顆顆圓形大理石。以前爲了取出瓶內的玻璃珠，唯一辦法是打破玻璃瓶。但現在不用再打破瓶子了，只要把瓶口塑膠蓋旋開，就可輕鬆將珠子取出來。

不知會不會有人想問，彈珠是怎麼跑入瓶口封蓋的？其實是利用比重原理，在瓶內灌進碳酸水後，把瓶子倒過來，珠子因爲壓力會推堵住瓶口，即裝瓶完成。其實彈珠汽水也可以變成「香檳式」的喝法，只要將瓶子猛烈搖晃數下，瞬間用手將玻璃珠推入瓶內，氣體力量自然就會把汽水激出瓶外喔。

## 台灣本土的汽水製造產業

最能代表台灣本土汽水品牌的，莫過於「黑松」了吧！成立於 1925 年的黑松公司在日治時期原爲「進馨商會」，販售瓶裝的「富士牌」與「三手牌」彈珠汽水，都採用半手工方式生產，1931 年更名爲「黑松牌」。當時的汽水主要分三種等級，

● 黑松公司早期使用的商標富士牌 、三手牌，及延續至今的黑松牌。1950 年，黑松牌「沙士汽水」更名為「黑松沙士」，民眾喜歡在沙士中加鹽，據說能補充身體因排汗而流失的鹽分，順便解解暑熱。

日本製造的為「一流汽水」，由在台的日本商人經銷；「二流汽水」是在台的日本人設廠生產與經銷；至於台灣人設廠製造和銷售的本土汽水是「三流汽水」，可見在那個年代，台灣人想做汽水生意並不容易。

## 台南的特殊飲料

# 阿婆水

看起來黃澄透亮的「阿婆水」是早期南部特有的無果汁清涼飲料，和彈珠汽水算是同個年代，但沒有碳酸氣泡，主要是砂糖、酸味劑和香料調製而成，如果要認眞描述它的味道，就像融化的香蕉清冰，類似現在的「水果風味飲料」。因爲顏色的關係，柑仔店都戲稱它是「阿婆尿」，阿婆水應該是從日本話「阿布魯」音譯過來的，即 Apple 的日文音譯（アップル），雖然叫「蘋果」卻沒蘋果味，據說是果汁飲料的前身。這項名稱由來已無從得知，連老一輩的人都不太知道。

位於台南的「新光泉汽水廠」工廠老闆說，阿婆水其實就是香蕉水，配方是爸爸那一輩發明的。曾從長輩那聽聞這個飲料最早是含有藥物成分，當小孩出麻疹時，一來可以甜小孩的嘴巴、安撫一下，二來具有退燒效果。「阿婆水」是由藥劑與熱水調和，再裝瓶冷卻出售，這跟彈珠汽水用冰冷水調和的方式正好相反。這些年因爲銷量銳減，只能用回收的空瓶子再裝塡

# 062

利用，但瓶子總會有耗損，所以產量也越來越少了。

在日本神戶永田和兵庫地區部份的公共浴池、居酒屋，還有販售アップル水，輕微甜酸的味道相近，又稱爲橘子水（みかん水），每瓶售價約 150 ～ 200 日圓不等，偶爾在糖果店也能買得到。他們也會將瓶子回收後再重新塡裝使用，所以瓶身仍保有昭和時期復古的字樣。

● 酸酸甜甜的「阿普魯水」，因爲顏色的關係，曾被戲稱是「阿婆尿」。

精挑細選才能煮茶

冬瓜茶是台灣的特色飲品，與甘蔗汁、青草茶並列三大古早味冷飲。冬瓜原產於中國及印度，台灣大概自十七世紀開始種植，盛產季節是每年四至十月，明明是夏天生長的蔬菜，爲什麼叫「冬」瓜？因爲可從夏季放到年尾的冬季，屬於能儲放的蔬菜。冬瓜收成後，大概有一半會直送工廠，製成冬瓜糖、冬瓜茶、冬瓜磚。另一半以輪切的方式在市場上販售。雖然人們食用冬瓜的歷史很早就有了，但唯有台灣人將它熬製成飲品。

關於冬瓜茶的歷史由來，並沒有明確文獻記載，但有一說是在清領同治年間，安平與西港一帶的瓜農，爲延長冬瓜的保存期限，而意外發明了冬瓜茶。直到日治時期，一位名爲「廖毛」的商人將冬瓜茶的配方改良，並成立商號將這項飲品發揚

# 063

只有台灣人把冬瓜煮成茶飲用，溫和甜味香氣深受許多人喜愛。

光大，而後也將冬瓜茶的秘方、熬煮技術傳承給徒弟，開啟冬瓜茶的百年之路。雖然市售飲料不斷推陳出新，但冬瓜茶至今仍在飲料市場中占有一席之地，因爲風味夠獨特。

適合做冬瓜茶的冬瓜，不僅成熟度要夠，纖維也要夠，否則熬煮後的味道出不來，所以要選擇淺綠色、細毛少的成熟冬瓜。成熟冬瓜，是指約三個月半到四個月之間的熟果，算是老冬瓜，又有公、母之分，差別在於果心的中空大小，公的果心小且肉質較緊實，適合做加工；母的果心大且肉質鬆，適合烹調。公母很難從外觀辨識，只要謹記肉厚色白、種子黃褐、表皮無皺痕、軟塌等幾項挑選原則即可。

● （左圖）將冬瓜切成條狀，再加糖煮製，就成了「冬瓜糖」，有著原始糖色。
● （右圖）看得到冬瓜條的冬瓜茶磚。

## 製作冬瓜磚的關鍵在於「糖」的拿捏

冬瓜茶的風味與糖有直接關係，選擇冰糖、白糖、二砂、黑糖皆可，也能混合不同的糖品來調整甜度與香氣，依據比例和糖品選擇不同，熬煮後的風味會不太一樣。通常冬瓜與糖是 1：1 的比例先浸泡一晚，熬煮至收汁，最後過濾渣籽，即成「冬瓜露」，飲用時再加水稀釋。早期裝填冬瓜露一律用玻璃瓶，但運送不方便又容易破裂，於是轉而製成一塊塊的「冬瓜糖磚」以利保存和運送。

將冬瓜切成條狀後加糖煮製成的「冬瓜糖」（又稱冬瓜條、糖冬瓜），口感軟黏又帶糖霜，是傳統年節點心與婚禮喜糖代表，由於冬瓜有很多籽，有著多子多孫的意涵，同時也常應用於中式糕餅的內餡。爲使冬瓜條久煮不爛，早期做法是將冬瓜浸泡在石灰水中一兩天，除了讓冬瓜組織硬化外，還能提高熬煮時梅納反應所產生之特殊風味。被石灰浸製過的冬瓜得用清水洗淨，如此才可進入加糖熬煮的程序。

食譜

Cooking at home

# 如果想在家做冬瓜茶！

## Ingrdients

**食材**

冬瓜 750 克
二砂糖 450 克
冰糖 300 克

## Methods

**做法**

1. 洗淨冬瓜並去籽去皮，切成薄片，備用。
2. 深鍋中加入二砂糖、冰糖浸漬 8 小時，使冬瓜軟化出水。
3. 以中小火加熱，持續攪拌，避免沾鍋，慢煮至濃稠狀。
4. 取少許糖汁滴入冷水中測試，若不會散開即可關火。
5. 取一個有高度的不鏽鋼盤，舖上烘焙紙，將糖液倒入盤中，冷卻即成冬瓜茶磚，定型後再分切。

Tip ★

1. 冬瓜糖磚兌水的比例爲 1：9，煮沸後就是冬瓜茶。
2. 甜湯用的糖水也可用冬瓜茶代替，風味絕佳。
3. 製作燉滷料理時，也可用適量冬瓜糖磚取代糖。

超人氣台式茶飲

# 古早味紅茶

據說台灣紅茶的歷史自清朝時期起，便有人從事紅茶的栽植與產製活動，直到日治時期才有明確記錄紅茶生產與銷售的歷史。日治時期，台灣茶主要用來外銷以賺取外匯，對於一般大眾來說不容易接觸到，更別說當成日常飲料了。當時台灣人喝茶的習慣，大多是把粗茶放到大茶壺中沖泡，要喝時再從壺中倒出，主要是解渴用，不像西方的紅茶文化還要加入牛奶或砂糖那般奢華講究。在此之前，台灣也沒有喝「冰茶」的記錄，人們口渴時大多是喝白開水或煮青草茶，等放涼了再喝。

## 有甜味的紅茶喝法從哪來？

最早把紅茶當作飲料的是台南人，當時選用的茶葉是南投魚池鄉日月潭的阿薩姆紅茶，茶味濃郁、顏色偏深紅。當時的紅茶做法不是「泡」的，而是煮成茶湯，用紗布悉心過濾之後加入砂糖或黑糖來提味，變成有甜味的茶，算是古早味紅茶的原型。位於台南的「雙全紅茶」就是販售這樣的傳統風味，第一代老闆張番薯

●（上）小攤子販售的紅茶大都是桶裝的，冷卻後再販售。●（左下）賣古早味紅茶的小販，會先在桶內放入滿滿的冰塊保冷，再放入裝紅茶的桶子。●（右下）古早味紅茶裡使用的決明子。

還是「手搖現沖紅茶」的創始人。到了日治晚期，隨著台灣工商業的發達，能夠喝得起紅茶的人才逐漸增多；加入「決明子」的喝法，則是後來才出現的。

## 一杯簡單的紅茶，就是茶飲演進史

1950 年左右，「古早味紅茶」便已存在於坊間，但當時的名稱不同，是叫「冰紅茶」，而「紅茶冰」是後來才有的名字。主要販售地點大多在傳統市場裡，以行動攤車或固定攤位的模式提供消費者外帶，大多以不鏽鋼冰桶存放，先在桶外放入大型冰磚，再將煮好的紅茶倒入冰桶中，放入大量二砂糖調味，冷卻後即可販售。

早期販售古早味紅茶的方式是以鐵杯直接舀入玻璃杯盛裝，或以塑膠袋盛裝再以束提圈綁住以防外漏（但現以紙杯取代），並附上一根小吸管讓客人提走外帶。販售時，甜度冰度早已調好，沒在管甜度和冰塊的，都是統一標準。傳統的「古早味紅茶」與手搖「泡沫紅茶」，這兩種雖然都是紅茶，但其實是完全不一樣的茶飲產品。1983 年出現的「泡沫紅茶」，不僅可以依據顧客需求調整糖量和冰塊量，並透過搖酒器——雪克杯（Shaker）加入冰塊搖盪，讓茶葉中的「茶皂素」透過強力撞擊而產生大量泡沫，充分融合茶香和糖香氣。一樣是紅茶的外帶生意，但兩者調製的手法卻相差甚遠。

## 古早味紅茶裡的決明子香氣

古早味紅茶最特殊的風味，是因爲添加了「決明子」，既有益身體，也能讓茶香更加豐富。「決明子」是最早被記載的眼科藥物，可以清肝明目和潤腸，乾炒後的氣味酷似咖啡香，也有「台灣咖啡」的稱呼。在傳統中藥行裡，通常可以買到「炒決明子」與「生決明子」，其食療效用雷同，但生決明子不能直接吃。爲了讓紅茶口感滑順圓潤、不苦澀，一般會將決明子炒熟後與紅茶茶葉（多半是阿薩姆紅茶）以 1：3 甚至高達 1：1 的比例一起煮，爲增加茶湯風味的層次感，喝起來有種特別的炭焙香，這就是俗稱的「咖啡紅茶」。

現今販售「古早味紅茶」的每家飲料店配方都不同，有人選用錫蘭紅茶、阿薩姆紅茶，甚至用大麥等，各家都有自己獨特的組合配方，至於有沒有決明子這一味，似乎已不是必要準則了。

天然的保健飲品

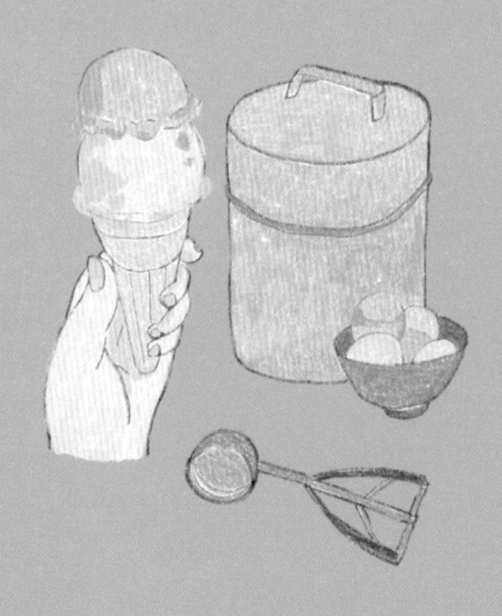

冰

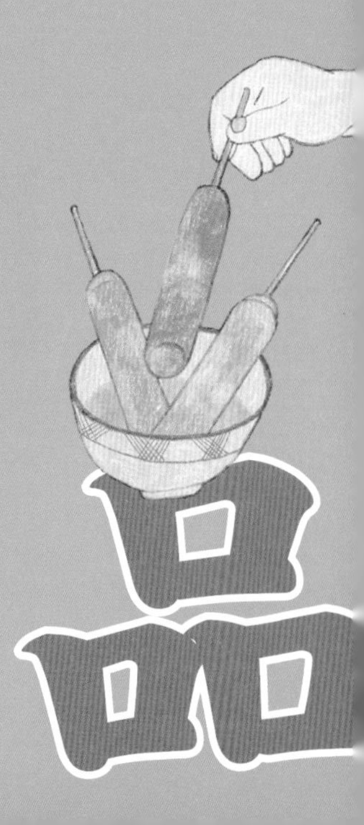
品

# 紅了半世紀的古早味冰品

在台灣，吃冰的歷史可溯至日治時期，日本人引進製冰機與製冰技術後，才正式爲台灣冰品發展史揭開了序幕。經過時代不斷更迭，有的冰品逐漸被淘汰，有的則華麗轉身，種類越來越豐富，逐漸發展成台灣現今的吃冰文化。從剉冰、清冰、叭噗、枝仔冰到冰淇淋，以及現在很夯的水果冰棒和日式剉冰等，冰品花樣百出，無論是百年老店、個性小店、路邊的手推攤車，在視覺、口感上都讓人驚豔及回味不已。

古早味冰品佔據了台灣冰發展史的半世紀江山，從日治時期留下來的老式清冰就很經典，即使

● 爲了讓冰品好吃又吸引消費者目光，冰店總會想盡辦法在風味與配料上賦予巧思，有些冰品名稱還富有意境，像是月亮相思冰。

在配料取得不易的年代，人們爲了讓冰好吃，就懂得使用香蕉水來輔佐，增加果香與淸甜感。更別說刨冰機發明後，各種裝飾更讓人眼花撩亂，店家拼命加不同料來吸引消費者目光。

## 吃冰也能「喬婚事」

但在早年的台灣，小販手邊有什麼原料就用什麼做冰，因此在口味研發上，總離不開鳳梨、芋頭和紅豆等基本款，但你會發現，怎麼吃都吃不膩耶！後來，冰果室更成爲當時年輕人（爸媽們，甚至是爺爺奶奶）約會、聊天的好去處，連吃個冰都可以「喬婚事」，眞的是從裡到外都照顧到了。現在就跟著我搭上時光機，一起來「視吃」這些古早冰品吧！

配料千變萬化

# 剉冰

照片提供：陳富育

因受到自然環境的限制，日治時期以前的台灣人想吃到天然冰比登天還難，在夏天只能吃仙草和愛玉凍來消暑。清末時期，台灣的冰是透過洋行由香港運送而來，日治時期也曾把日本製造的冰塊船運到台灣販售。1896 年由英商和台北商人李春生合作，在大稻埕建了台灣第一間製冰廠。

## 因爲漁獲保鮮需求而起的製冰技術

原先日本人在台灣成立製冰廠是爲了提供漁產保鮮的冰塊（漁用冰）及醫療用，爲確保漁獲品質及食安，可見當時製冰廠在漁業扮演著極爲重要的角色。製冰廠內的木地板下面被分割爲塊狀的金屬製冰槽，一格一格的製冰槽注滿水後，放入裝滿 -8℃～ -10℃的氯化鈣（俗稱鹽丹水）的槽中等待結冰。那時冰塊的單位是「支」來計算（約 135 公斤），再經由破

# 065

● 從日治時期至今仍在使用的製冰廠，還是以鹽丹水（冰罐製冰）的方式製作，每「支」冰最重可達 135 公斤。

碎機打成碎冰送到漁船或運送車上，提供出海作業的漁船及運輸業者使用。

後來人們想在炎熱天氣裡消暑，想到以食用冰塊製成冰品販賣，沒想到自此打開了吃冰或飲用冰水的風潮。台南第一間冰廠於 1898 年設立在安平，由怡記洋行聯合其他洋行投資，1901 年才由日本人合資台南製冰會社，各地製冰廠紛紛設立，吃冰的習慣才慢慢普及，也開始有了「冰店」。在日治時期，冰店又稱爲「冰屋」，著重衛生安全的日本人要求當時的賣冰者必須有牌照，就連搭配冰的配料都需加蓋，以免引來蚊蠅。

在剉冰機出現之前，早期是以刨刀、鑿刀將冰塊削成碎冰與冰屑，後來有人發明了鑄鐵製的手搖剉冰機，刨一碗冰才變得省力許多。當時的刨冰吃法很簡單，在冰屑上加點香蕉油，再淋上糖水，沒有花俏的配料，直接就讓客人食用，這是最早的剉冰原型。

由剉冰開始延伸出各式冰品，陸續在台灣各地方出現，結合本土特產的仙草、愛玉、米苔目，乃至當季水果、豆類、芋頭、蜜餞等，做成豐富配料的八寶冰，都與早期剉冰的形態類似。但是相較於日本人重視食器搭配及冰品美觀的日式剉冰，台灣人比較希望刨冰便宜又好吃，所以台日剉冰的呈現方式有所不同，各有特色。

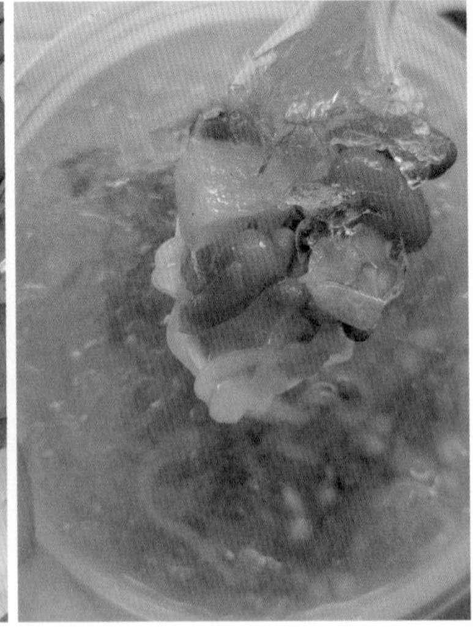

在剉冰機出現之前，是以刨刀、鑿刀等器具來削冰。

● 傳統四果冰的料不是指四種水果，而是四種以上的蜜餞組合（左圖）。在台灣，剉冰的吃法五花八門，能滿足各種客人的喜好。

## 四果冰與泡泡冰

「四果冰」是老式剉冰店必定會有的一道冰品，指的不是四種時令水果，而是四種醃製過的蜜餞。像是楊桃、鳳梨、桑茜、李鹹、梅子，有些還會放番薯糖、菜燕角等材料，但隨著製作傳統蜜餞的老師傅越來越少，貨源也就跟著中斷，於是開始不斷更替保存期限更長的配料。

除了刨冰，「泡泡冰」也是許多人印象中的冰品，又名「綿綿冰」，據說是在製作過程以勺子攪拌刨冰與配料的動作像「泡牛奶」一樣，因此稱爲泡泡冰。簡單來說，老闆只是想幫客人把料與冰喇作夥而已啦！一般刨冰的配料與冰是分開的狀態，而泡泡冰的配料與冰緊密混合直到發泡並呈現雪花狀，綿密口感介於冰淇淋、沙冰之間，也有死忠愛好者。

冰
冰

一冰多種做法

# 綠豆冰

清熱解毒的綠豆消暑聖品，除了可以做綠豆湯、綠豆粥、綠豆冰棒外，也被廣泛應用於豆沙、糕點。煮得皮肉分家的濕料被稱爲「綠豆沙」，但若在糕點中，綠豆沙是指以綠豆仁炒製的乾式內餡，國台語的轉譯分別代表不同意思。說也奇怪，在台灣很多點心的演進大都與日治時期有關，但唯獨綠豆缺席，因爲對日本人來說，綠豆僅限於豆芽菜的用途而已。所以，能把綠豆變成綠豆冰，可說是台灣限定，在別的國家還吃不到呢！在上一章「涼水甜湯」曾提及綠豆湯吃得到帶皮的顆粒感，那綠豆冰呢？

綠豆冰是喝的，主要追求破沙在舌尖滑動，不需粒粒分明，如此飲用才有快感。在台灣賣綠豆冰的很少是冰店，通常以飲料店居多，店家將帶有冰晶的綠豆冰稱爲「綠豆沙」，有的還會問你要不要加牛奶？透心涼的爽度就像「吸」著綠豆冰棒的感覺。無論是綠豆冰或綠豆冰沙，都是用破沙的綠豆湯打成漿，可加糖水稀釋，或以熟綠豆粉調和來製作。從以前家庭用冷凍袋一直延伸到連鎖店手搖飲，至今依

● 台灣早期常見的家用冷凍袋，將煮到軟爛的綠豆湯裝進冷凍袋，但絕對不能裝過滿，在家就能做出消暑的綠豆冰。

舊深受大家喜愛。整理一下記憶中的綠豆冰（沙）才發現冰品製作和電器演進也有關聯。一起來看看綠豆冰從簡易版到商用版的演進史吧！

### ・家用冷凍袋製冰：

早期台灣常見的家庭用塑膠冷凍袋，由中央冷凍公司製造的「凍凍果」是冷凍袋商品化的前身，當時專屬的廣告歌更是深入人心。由於材料簡單又製作方便，很多家庭也學會自己製作凍凍果，鳳梨、綠豆、芒果等都是常見口味。但是冷凍袋只能裝八至九分滿，避免無法封口，而且裝太滿也可能在冷凍後撐破。

### ・傳統手搖冰：

又稱為搖搖冰，是目前冰沙製程中最傳統，也是最耗時耗力的。將煮好的綠豆漿倒入單層內桶裡，再將其放進大口徑的雙層外桶中，將冰塊與鹽填進兩桶之間的縫隙。當桶內溫度降低時，內層就會開始結成小冰晶，將冰晶與液體翻攪後蓋上桶蓋，旋轉數次，內桶邊邊再度結出新冰晶，如此反覆攪轉的過程便能完成綠豆冰沙，但缺點是形成的冰晶融化較不平均，有時導致冰水參半。

**・果汁機製冰：**

一機在手吃冰無窮，拜小家電普及化所賜，只要有一台果汁機就可以搞定。將煮好的綠豆湯及冰塊放進果汁機裡，等待豆冰盡碎，一杯綠豆冰沙秒完成。以前果汁機的馬力不夠強，打出來不是很綿密，口感比較豪放粗獷，還帶有小碎冰塊，但有咬冰的口感樂趣。

**・商業研磨機製冰：**

目前綠豆冰沙專賣店較常見的製作手法，以研磨機研磨出不見細粒的綠豆汁，再放入大型製冷攪拌缸裡，不斷充分拌勻融合形成冰沙狀。攪拌時，能順勢將空氣帶入，讓冰體膨鬆，口感顯得比較綿密滑順，還可以隨喜好加珍珠、芋泥或牛奶。

● 隨著復古冰品興起，讓綠豆沙專賣店近幾年受到矚目，各家口味都有忠實的消費族群。

有甜也有鹹

# 枝仔冰

照片提供：陳富育

# 067

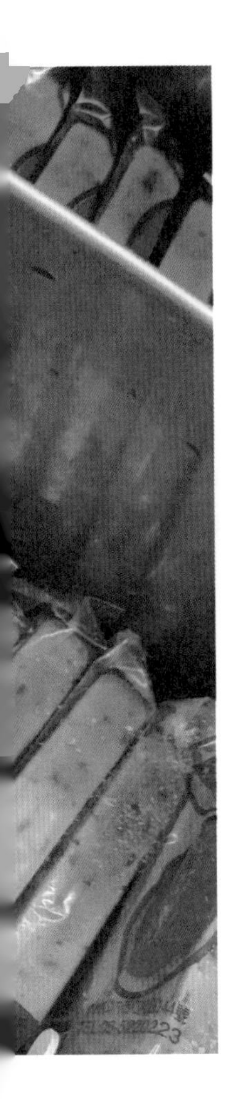

古早味的枝仔冰也就是俗稱的「冰棒」、「冰枝」，製作方式是只要將糖水與食材倒入冰棒盒定型，並插上木棍，冷凍後取出就可以了。看起來很簡單，但自己做的跟商業配方還是不一樣。在物資不豐富的年代，對許多孩子來說，枝仔冰是他們夏天的最愛，有機會能買到一枝，會很珍惜地一口一口慢慢舔。

## 「枝仔冰」的發源地在旗山

枝仔冰發源地來自高雄旗山，鄭城利用碎冰和鹽爲鋁管內的原料保冰，製造出最早的「枝仔冰」。現在已改良成只要將一支支冰棍插入倒有原料的模型管中，模型管外是鹵水，溫度約 -30℃，不一會兒就迅速結凍了。傳統口味的枝仔冰，最原始的味道就只是加了糖水的清冰，後來才有紅豆、花生、綠豆、鳳梨、芋頭等口味出現，原料有什麼就用什麼。因鄭城「發明」了枝仔冰，從此開啟了南台灣「枝仔冰～城」的傳奇歷史。這四個字既指鄭城本人，也是指他所經營的冰廠和冰店。

● 製作枝仔冰的模型管，有圓也有方。 圖片提供：陳富育

在枝仔冰的全盛時期，民間製冰廠林立，其中不乏有公部門也來賣冰，台電、台糖、台鹽、中油，甚至菸廠都做起了枝仔冰的生意。台電做冰和建水庫有關，爲了冷卻建材買了很多製冰機，因爲棄之可惜，就轉來做冰；而台鹽的冰棒是鹹的，因爲沒有誰家的鹽能比它多！台糖更不用說了，自家製糖更省成本。原本只是公部門爲了員工福利，所以用料不手軟，價格也很親民，想不到如此美意經口耳相傳後，也造福了一般嗜冰的民衆。可別小看這幾家公部門所開設的冰店，各自有獨家的創意枝仔冰，推薦你這輩子一定要吃上一輪才行。

## 糯米口感，越嚼越香的糯米枝仔冰

還記得在前面章節「米製點心」介紹過的桂圓米糕粥吧！只要將吃不完的米糕粥倒進冰棒模型，置於冷凍庫結冰後，就是口感層次豐富的糯米冰了！除了咬得到軟綿糯米外，還有沙沙的脆冰口感。

光復後，枝仔冰的生產方式由人工轉爲半機械化，冰品口味變得更豐富華麗。使得原本使用圓形竹棍的「枝仔」漸漸改爲扁形木片，冰棒造型也由「長筒式」改成「長條式」，能避免一口咬下冰棒時易崩離的困擾。每次到訪枝仔冰店，我必選的口味一定是帶鹹味香氣的「蛋黃腰果」和杏仁味的「杏仁蛋黃」。有跟我一樣是鹹冰棒控的嗎～～？請舉手！

● 由空軍菸廠福利社開設的冰店，814 的名稱便是紀念空軍 814 空戰勝利紀念日而命名。

●（左圖）台糖開設的每間冰品分店都有獨家的創意枝仔冰，嗜冰者一定要嚐嚐這獨特的台灣味。●（右圖）在旗山，1926 年就創立的枝仔冰城。

騎著三輪車販售

# 雞蛋冰

「雞蛋冰」是在戰後流行於台灣民間的冰品，以流動攤販形式販售，攤車上的公雞標誌是它的正字標誌。「雞蛋冰」可以說是枝仔冰的延伸版，做法和枝仔冰一樣，差別只在於定型容器是雞蛋的形狀。早期的雞蛋冰是用兩片鋁殼套合製作，將各式口味的果汁、飲料從底部小洞注入，並透過如腳踏車內胎材質的黑色橡皮帶進行封模，加以固定蛋殼，再放置於加鹽的冰塊中保存，透過加鹽達到凍冷的效果。

客人來買冰時，小販會取下塞子把竹籤插進洞內，讓鋁殼浸一下水，熱脹冷縮會讓裡頭的冰體鬆開，去掉外殼就能給客人了，就像剝蛋，故稱「雞蛋冰」。封模用的橡皮長期使用後容易磨損破裂，因此當雞蛋冰放置於加鹽的冰塊時，有時鹽水會藉由破裂的橡皮滲入雞蛋冰中，造成冰品有苦鹹之味，因此現今已改爲塑膠容器爲主。

● 雞蛋冰的模型有著黑色橡皮帶，爲固定液體材料。

## 日治時期的「雞蛋冰」

我們現在看到的「蛋型雞蛋冰」，其實跟日治時期的「雞蛋冰」是不一樣的冰品。1898 年日治時期，台北大稻埕便有販賣冰淇淋（ice cream，アイスクリーム）的記載，1911 年開始大幅規模化，冰淇淋漸漸成爲可以推上街頭叫賣的冰品。雞蛋冰的主要成分爲牛奶和雞蛋，在當時又被稱爲「卵冰」或「雞卵冰」，是由賣冰小販騎著三輪車載著冰桶，桶子分內外兩層，桶內是冰淇淋、桶外則用冰塊和粗鹽保持冷度，使冰不會融化太快，小販會捏按皮球喇叭沿街叫賣。因著時代變遷，大家對於雞蛋 + 冰的解釋各有不同，但在許多人的兒時回憶裡，或許用鋁殼製作的雞蛋冰才是正統滋味吧！

# 香蕉清冰

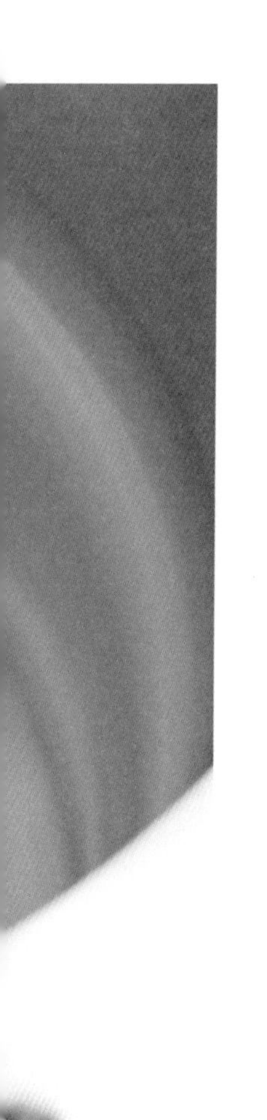

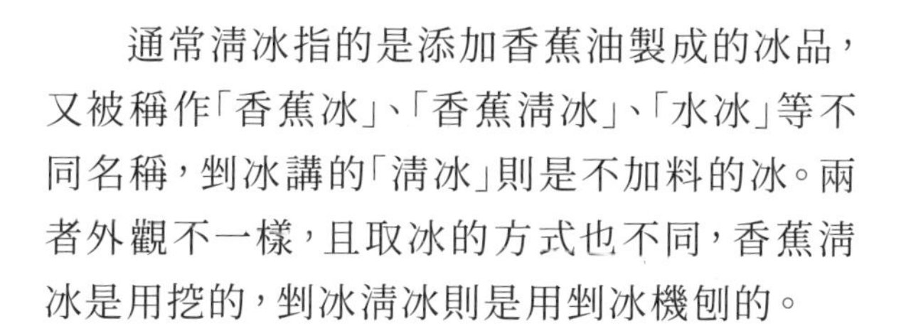

通常清冰指的是添加香蕉油製成的冰品，又被稱作「香蕉冰」、「香蕉清冰」、「水冰」等不同名稱，剉冰講的「清冰」則是不加料的冰。兩者外觀不一樣，且取冰的方式也不同，香蕉清冰是用挖的，剉冰清冰則是用剉冰機刨的。

香蕉油主要由香蕉香精（乙酸異戊酯）、甘油（丙三醇）構成，氣味類似熟成的香蕉，有些冰店會改用牛奶或煉乳取代。乙酸異戊酯本就天然存在於梨子、蘋果、香蕉、鳳梨等水果中，借助甘油不易溶解在水中的特性，來幫助溶解乙酸異戊酯這樣的非水溶性物質。除了用於製冰增加風味外，也常運用在古早味甜點的製作中，如涼糕、糕餅等。

最早期製冰主要使用阿摩尼亞當成製冷劑，機身旁則是曲折蜿蜒的管路，使用久了，管線不僅老舊，還會造成氨氣外洩，刺鼻的阿摩尼亞味道會不斷飄散，所以現今大部分店家都汰換成冷媒製冰了。將桶槽浸於 -25℃的循

● 經過特殊攪拌刀與桶槽不停地旋轉攪拌，冰漿會變成柔細冰晶，要趁「新鮮」吃，口感會最好。

環冷凍液中，倒入冰漿，經過特殊攪拌刀與桶槽不停地旋轉攪拌，大約二十分鐘就能完成一桶沁涼的冰品。剛做好的清冰，其冰晶質地柔細，跟放置過久、變硬後刮出來的清冰，兩者口感可是天壤之別。所以吃冰要挑生意好的店家，因爲賣的量大，短時間就得做出一桶冰，容易保持新鮮度。

## 香蕉清冰延伸版——雪淇冰、紅豆月見牛乳冰

夜市常出現的「雪淇冰」也屬於香蕉清冰喔!爲什麼叫「雪淇」?有人說是源於日文せき(seki)，經查詢後發現跟冰無關。參考與雪淇冰做法較接近的爲フロート(float，日文外來語)，意指漂浮，但覺得這個說法並不可靠。與日籍朋友討論這個話題，我們從原料與樣態推論應該是從 Milk Shake(奶昔)、ミルクセーキ(日文外來語)演變而來，指由牛奶和剉冰經晃動混合成半液體甜品的意思，而清冰半融化的模樣跟奶昔很

像。「ミルク(milk)」多用來表示加工乳製品，如煉乳、奶粉；「セーキ(shake)」是搖的動作。

在早期社會，男女婚嫁全靠媒妁之言，冰果室就是最好談事情的地方。媒人和男女雙方分邊而坐，彼此先互相打量，如果男方家長幫大家點了「紅豆月見牛乳冰」，即證明財力與誠意，就知道這件婚事成了。所以「紅豆月見牛乳冰」又稱月老冰、姻緣冰。「月見」來自於日文つきみ（tsukimi），意指賞月，後來延伸應用在放了生蛋黃的料理。內行人都知道吃月見冰要把蛋黃戳破，混著冰一起吃，不只綿密，更能瞬間提升滑順感，凝結的蛋香與奶香會融合成綿密細緻的濃郁口感。

● （左上圖）將一球清冰加進古早味紅茶中，同時達到「呷冰又呷涼」的雙重享受。● （左下圖）紅豆月見牛乳冰的蛋黃得戳破，混著冰吃才道地。

好吃又好玩

# 叭噗

對於五、六年級生來說，以前只要一聽到賣芋仔冰的小販綁在腳踏車把手上的喇叭發出「叭噗」聲，就知道賣冰的來了。「叭噗」原指橡皮喇叭發出的聲音，在日本文化裡，是叫賣豆腐跟冰淇淋的招牌工具，同時也傳到了台灣，這喇叭會發出叭噗叭噗的聲音，台灣人就慣稱這冰爲「叭噗」了！小販會從鐵桶裡挖出一杓杓冰球，以「芋頭」口味最經典，再來就是花豆和鳳梨，三種口味的集合也被稱作「三色冰」。「叭噗」不如冰淇淋綿密，也不如冰淇淋口味衆多，但它保有台灣風土食材原有的風味，後期更延伸出紅豆、百香果、酸梅等多種口味。

## 台式冰淇淋特有的稠滑勾芡感

「叭噗」看似像「冰淇淋」，但兩者原料卻是天差地別！製作冰淇淋會使用牛奶或油脂等材料，在叭噗的原料中不需要

# 070

● (左圖) 橡皮喇叭的「叭噗」聲曾是許多孩子的童年回憶。● (右圖) 這是現代版的飛機檯，叭噗雖然可以直接買，但不少人還是覺得賭贏的冰比較好吃。

這些就能達到口感滑順細膩的效果。有鑑於早期的凍藏設備不夠先進，爲使叭噗車能延長冰品保存，製冰時通常會添加些許樹薯粉進行勾芡，是做叭噗的關鍵原料，主要目的是抑制冰晶生成、減緩融化速度，還能使口感更爲滑潤軟Q，少了乳脂、乳化安定劑的「叭噗」，要說它是無油的「台式冰淇淋」眞的很可以！

有些小販會在車上擺彈珠檯或指針是飛機造型的「飛機檯」，吸引客人來「輸贏（台語）」，依照指針停止的位置來決定冰球的大小或數量，端看老闆自己的設定，客人吃多吃少全看自己的手氣好不好～賣冰小販用這種方式讓消費者吃冰的過程變得刺激有趣，無論大人小孩都喜歡。畢竟同樣價錢，有時候一球十元的芋冰抵不過三球十元或五球十元的魅力，任誰都想要把全部口味吃過一遍～

Cooking at home

# 如果想在家做芋頭叭噗冰！

## Ingrdients

**食材**

芋頭 600 克
水 900+60 毫升
樹薯粉 16 克
砂糖 150 克

## Methods

**做法**

1. 芋頭去皮切塊，放入大鍋中，倒入 900 毫升的水，將芋頭煮熟後，用手持式攪拌棒打成無顆粒的芋頭漿。
2. 將樹薯粉和 60 毫升水攪拌均勻，再倒入做法 1 的芋頭漿混合均勻。
3. 開火加熱至糊化，再以砂糖調味。
4. 倒出芋頭漿，冷卻後用冰淇淋機攪拌 30 分鐘。
5. 打好的冰體放入 -18℃的冷凍庫中，使其繼續凍結。

**Tip ★**

1. 剛從冷凍庫取出的叭噗冰很硬，待回溫至 -8℃時，冰體會呈鬆軟狀，此時就是最適合品嚐的口感。
2. 蒸完芋頭後，也可以直接加入剩下材料，以果汁機打成泥狀，再攪拌至煮滾爲止。

起源於宜蘭

# 花生捲冰淇淋

## 冰品和香菜的絕妙組合

蝦咪！？冰淇淋裡有香菜？這到底要算甜食還是鹹食啊？潤餅皮包裹花生糖粉，再加入叭噗冰和香菜這兩種八竿子打不著的組合，可說是潤餅的變奏版，看似簡單，卻讓人一嚐難忘。一般傳統的花生捲冰淇淋是芋頭配鳳梨，微酸的鳳梨搭配香濃的芋頭，清爽不膩口，也可只放芋頭口味。

花生捲冰淇淋的起源地在宜蘭，但究竟是誰發明的已不可考，有一說是日治時期，日本人把花生糖、春捲加上當時在宜蘭很紅的芋冰組合在一起，竟發現意外地好吃！而加入「香菜」這招則是宜蘭人研發的特殊口味，逢年過節，在地人就會吃上一捲，後來漸漸變成常民小吃之一。

071

## 國慶酒會上的台灣代表美食

1992 年，台灣社會開始流行泡沫紅茶，造成芋冰生意下滑，當時宜蘭芋冰的批發商——阿宗芋冰城的第二代老闆，在偶然的機緣下品嚐到當時還不普及的花生捲冰淇淋，爲了突破困境，便說服賣冰的攤商到風景區、廟口等人潮衆多的地方販售，沒想到就此打開了知名度，變成大街小巷隨處可見的國民小吃，還因此成爲國慶酒會上的台灣特色美食。

花生捲冰淇淋的特色不僅有叭噗冰，更重要的是攤位上一定會有一塊大大的花生糖磚。爲配合花生糖較容易沾黏的糾纏性格，專用的「花生糖鉋」還特意加大刃口，避免花生糖粉堵塞；加寬膛口，方便盛裝花生粉，才能讓花生捲冰淇淋裡頭的花生糖粉加好加滿。

● 現場手刨的花生粉就是香！

## 得搥打才好吃

# 草湖芋仔冰

# 072

「正宗草湖芋仔冰，好吃的草湖芋仔冰又擱來囉！有芋仔、花生、百香果、牛奶、芝麻、紅豆、綠豆、烏梅各種口味，緊來買喔！」在那個用發財車賣冰的年代，緩緩沿著大街小巷放送著「草湖芋仔冰」的廣播聲。不同於冰棒、冰淇淋，小小一塊立體有如冰磚造型，就這樣一塊一塊秤斤賣。「草湖芋仔冰」名稱的由來有二；一是最早只有芋頭口味，故以此命名；二是在各式口味中，尤以芋頭冰最受歡迎，所以「芋仔冰」便成爲所有冰品的統稱。

「草湖芋仔冰」的創始店位於台中大里。因爲已故的蔣經國總統曾多次到訪，加上價格便宜，用料實在，才讓「草湖芋仔冰」成爲家喻戶曉的名店。60年至70年代，是台中大里賣芋仔冰的全盛期。在台三線上長達兩公里的路程，從大里橋到草湖橋之間就有超過二十家芋仔冰店。當時許多外地人更是開著發財車來大里批發芋仔冰回去販售，後來台三線被國道三號和快速道路取代，榮景不在，現只僅存三家了。

芋仔冰的原料是大甲芋頭、砂糖與太白粉，想製作芋仔冰，首先要將濃稠的液狀材料倒入桶內，再置於冷凍櫃裡，不斷重覆上下翻、提等動作，一旦結成冰，就得剷到桶內的外緣存放。直到整桶冰完全凝結，這時工作尚未結束，還得經過「搥打」的動作，這是草湖芋仔冰好吃的關鍵。將木槌直立，不斷搥打成厚度平均的片狀，製作者得依據經驗才能掌控好力道，不能搥打得太過紮實，要不然口感會變硬，若省略槌打過程的話，其實就是我們熟知的叭噗冰了。製作好的芋仔冰芋香四溢，口感既香 Q 又柔綿緊實，讓吃的人有種錯覺——以爲是把一球冰的芋頭泥含在口中。

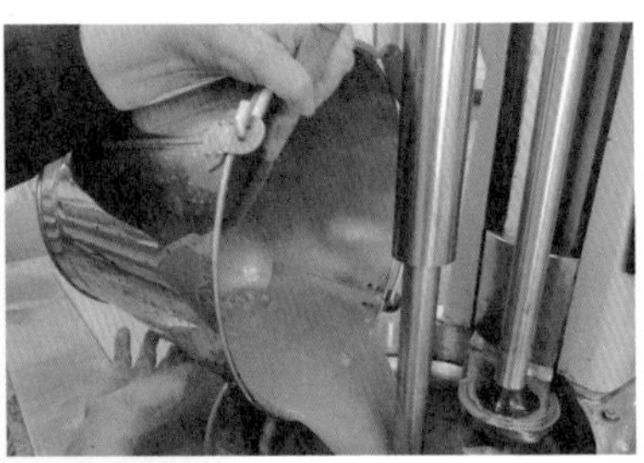

芋仔冰的原料是大甲芋頭、砂糖與太白粉，先做成芋頭漿。再使用萬能製冰機，芋冰、清冰必得先經過它這關。

照片提供：林佳儀

●（上圖）搥冰過程就像揉麵團，爲了讓冰體鬆軟Q彈有口感。●（下圖）依口味分格的裸裝冰櫃，想吃哪種口味，老闆就幫你拿取，原來冰店也有無包裝服務喔！

照片提供：陳富育

## 小巧一口，卻是芋香滿溢

搥冰的過程就像是在揉麵團一般，目的是讓冰體鬆軟Q彈。雖然製冰的部分可以靠機器輔助，但有些關鍵卻必須仰賴人力，這也是至今仍保留用手工搥打的原因。早期的客人都會自備便當盒來裝，想要多大塊就馬上切，無疑就是現在的無包裝「冰店」嘛，很有環保概念！後來爲了食用及外帶方便，才改用鋼刀切成小塊來販售，也因爲這樣的特色取代了當時的傳統芋頭冰，並風靡全台。

一定要配蜜紅豆

# 酵母冰淇淋

在製糖過程中，糖漿中的蔗糖會在結晶罐裡慢慢結晶，無法再結晶的物質經過離心作用分離之後，會變成黑色黏稠物質，這就是「糖蜜」。糖蜜甜度低且具有苦味，可當成培養酵母菌的原料，經過發酵，會進一步產生多種營養成分及礦物質，用來製作酒精、味素和「健素糖」。

1954 年，台糖設立全球最大的酵母工廠，每天可生產四十公噸酵母粉。酵母粉富含蛋白質，在物資缺乏的年代，希望體弱的孩子們能多補充豐富營養，或者提升食慾之用。爲了鼓勵大家多吃酵母，當時在各地中小學都有宣導食用酵母的好處，在台北市的中小學福利社也買得到健素糖。將乾燥後的酵母菌粉製成錠狀，再披覆上糖衣就是「健素糖」了，外型看起來五彩繽紛，宛如台版的 M&M 巧克力，四、五、六年級生應該都對健素糖有些印象。但在台灣經濟起飛後，

# 073

健素糖很快被其他產品所取代。在 2006 年一起健素糖的事件，疑似以進口飼料用的酵母粉原料生產健素糖，健素糖不得不成了記憶中的那一味。

## 酵母冰淇淋搭配蜜紅豆的絕妙吃法

台灣目前只有虎尾、善化兩處糖廠還有生產健素糖，其他地方糖廠也陸續轉型爲觀光工廠。又香又臭的酵母味不知曾是多少人的惡夢，想起小時候吃健素糖只會用吞的，大家就可以想像它究竟有多麼不討喜了。用健素糖所製作的「酵母冰淇淋」，也稱「健素糖冰」，雖然一開始吃會覺得奇怪，但吃了幾口，卻意外地好吃！尤其配上蜜紅豆，淡淡香甜搭配現挖的酵母冰淇淋吃起來更對味。現今在台南與高雄的糖廠還有販售，是到訪當地時必吃的基本款。

●（左圖）富含蛋白質的健素糖，早年人們爲補充營養而食用。●（右圖）用健素糖所製作的「酵母冰淇淋」配上蜜紅豆，意外對味。

又稱冰餅冰磚

# 夾心冰淇淋

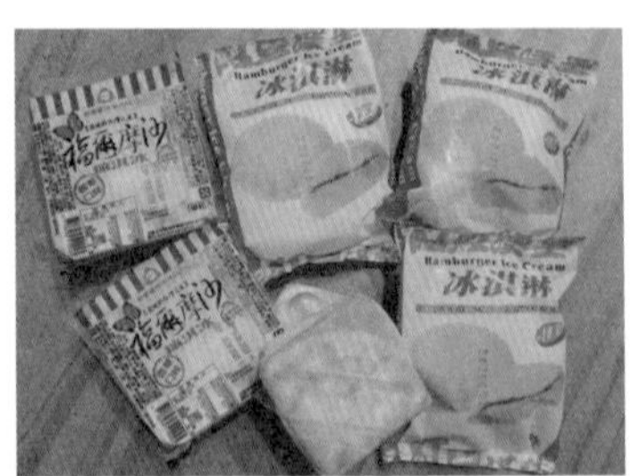

# 074

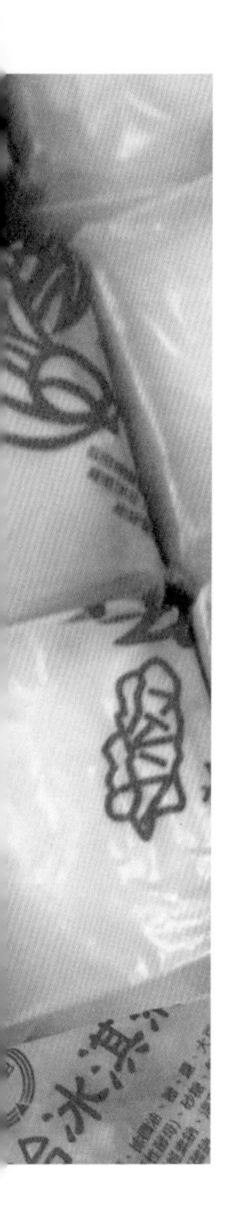

台灣人以往舉行喜慶活動時，會用「辦桌」的形式，舖上紅桌巾的圓桌列隊成排，傳統菜色更是不少人的味蕾記憶。如果問我吃辦桌時遇過最強甜點是什麼，那就是夾心類冰淇淋了！我爲了它會心甘情願地撐到喜宴最後一刻。早期常見的夾心冰淇淋很多種，如漢堡冰淇淋、玉米冰淇淋、三明治冰淇淋、銅鑼燒冰淇淋，甚至有麻糬冰淇淋。「夾心」意指由餅皮包覆著冰淇淋，可一同吃進嘴裡，沒有繁複且華麗的外包裝，現今在傳統冰店裡仍可看到。

## 夾心冰淇淋變化版——漢堡冰、玉米冰

漢堡冰淇淋是用兩片酥脆餅皮夾著消暑的冰淇淋，咬起來多了點口感。在台灣早期的流水席中，經常做爲飯後甜點，一般用保麗龍箱裝著。而玉米冰淇淋，則是把餅殼做成玉米外型，內部塡滿冰淇淋餡。

漢堡冰和玉米冰外觀像是威化餅的外殼，其實是和菓子「最中（もなか）」用的餅殼，即

● （左圖）玉米冰的外殼是米殼。●（中、下圖）夾心冰淇淋會用油紙包著，目前在某些傳統冰店還能看到，厚厚的冰淇淋夾心，能讓人吃得很滿足。

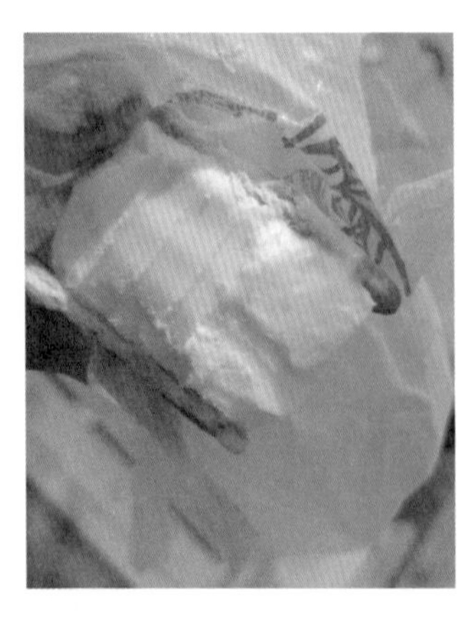

爲最中餅，「最中餅」原本是由糯米粉烤成的酥脆外皮，在兩片餅殼中塡入紅豆餡的日式點心。台灣的商人則是把餅殼做造型，然後包覆冰淇淋餡，就成了漢堡冰、玉米冰的樣子。「最中」最早出現於日本平安時代的宮廷裡，在中秋節舉行賞月宴會時準備的圓形點心。明治時期之後，「最中」的造型才開始多樣化，出現櫻花等可愛形狀。爲了防止外皮受潮而影響食用口感，有些店家會將外皮與內餡分開包裝銷售。

「三明治冰淇淋」就跟字面意思一樣，是冰淇淋版本的三明治，通常用鹹的蘇打餅乾或蔬菜餅乾，夾心就是冰淇淋。先把一片片蘇打餅鋪在鐵盤裡，放上厚厚一層冰淇淋或雪糕，再蓋上餅乾壓實塑型，再用繪有店名的油紙包好。也因此，三明治冰淇淋又被稱爲「冰餅」、「冰磚」、「冰淇淋餅乾」。

## 台灣人的本地冰淇淋品牌

1948 年，台灣出現了「小美冰淇淋」，它是第一支本土冰淇淋，是現存歷史最久的台灣冰淇淋品牌。在還沒有進口冰品的年代中，小美冰淇淋絕對是台灣人心中的夢幻極品，內行人會將一球冰淇淋放在黑松汽水上一起吃，是當時最高級的享受。

漢堡冰和玉米冰外觀有著像是威化餅的外殼。

冰淇淋放在黑松汽水上，邊吃邊喝，是以前孩子們的高級享受。

文進冰棒店
瑞氣來臨吉星照
紅茶
冬瓜茶
木瓜牛乳
椰果奶茶
珍珠奶茶
酪梨牛乳
紅蘿蔔
牛乳冰棒
酸梅冰棒
花生冰棒
芋頭冰棒
圓仔冰棒
紅豆冰棒
每支 元
八方事業興福門
冬瓜茶・紅
木瓜牛
紅蘿
月亮相思
紅豆
每支15元
紅豆
圓仔
芋頭
花生
酸梅
牛乳

民國二十年創立
江水號
刨冰
米糕粥
紅豆湯
花生湯
民國二十年創立
江水號
刨冰
米糕粥
紅豆湯
花生湯

CHOCOPIE
CREAM

臼
蚵
仔
煎
魚頭
亞德當歸鴨
蚵仔煎
青草茶
一杯 35元
一罐 70元
苦茶
一杯 50元
一罐 100元
青草茶
苦茶
鹽行 設備
0936-411021 · 06-2541280

# 古早味台式點心圖鑑

原型食材&糖製點心、麵粉類點心、涼水甜湯、冰品，
在地惜食智慧與手工氣味，作夥呷點心！

作　　者　莊雅閔（多數照片提供）
插　　畫　吳怡欣
特約攝影　王正毅
美術設計　謝捲子@誠美作 視覺設計
責任編輯　蕭歆儀

總 編 輯　林麗文
主　　編　蕭歆儀、賴秉薇、高佩琳、林宥彤
執行編輯　林靜莉
行銷總監　祝子慧
行銷企劃　林彥伶

出　　版　幸福文化出版社／遠足文化事業股份有限公司
地　　址　231 新北市新店區民權路 108-1 號 8 樓
電　　話（02）2218-1417
傳　　真（02）2218-8057

發　　行　遠足文化事業股份有限公司（讀書共和國出版集團）
地　　址　231 新北市新店區民權路 108-2 號 9 樓
電　　話（02）2218-1417
傳　　真（02）2218-1142
客服信箱　service@bookrep.com.tw
客服電話　0800-221-029
劃撥帳號　19504465
網　　址　www.bookrep.com.tw

法律顧問　華洋法律事務所 蘇文生律師
印　　製　凱林彩印股份有限公司

出版日期　西元 2024 年 9 月 初版一刷
定　　價　480 元
書　　號　1KSA0026
ISBN　9786267532133
ISBN　9786267532225（PDF）
ISBN　9786267532232（EPUB）

**國家圖書館出版品預行編目 (CIP) 資料**

古早味台式點心圖鑑：原型食材 & 糖製點心、麵粉類點心、涼水甜湯、冰品，在地惜食智慧與手工氣味，作夥呷點心！ / 莊雅閔著 . -- 初版 . -- 新北市 : 幸福文化出版社出版 : 遠足文化事業股份有限公司發行 , 2024.09
面；　公分
ISBN 978-626-7532-12-6( 平裝 )
1.CST: 小吃 2.CST: 點心食譜 3.CST: 臺灣

427.16　　113010866